新手父母

U0015643

孩子的

權威兒童發展心理學家專為幼兒
打造的 61個潛力開發遊戲書❸

肢體發展&視覺刺激遊戲

장유경의 아이 놀이 백과 (0~2세 편)

兒童發展心理學家 張有敬 Chang You Kyung ——— 著

賴姵瑜 譯

目錄

Chapter 1

專為0～4個月孩子設計的潛能開發統合遊戲

探索自己的身體

捂臉遊戲
▶▶記憶力、物體恆存概念

魔鏡啊！魔鏡！
▶▶視覺刺激、自我意識

專為5～8個月孩子設計的潛能開發統合遊戲

張開好奇的雙眼

你丟我撿
▶▶ 強化小肌群、手眼協調

蹭鼻子
▶▶ 聽覺、觸覺、語言

尋找家裡的聲音
▶▶聽覺、語言

嬰兒手語
▶▶專注力、語言、人際互動

吃或食物

專為9～12個月孩子設計的潛能開發統合遊戲

走向美麗新世界

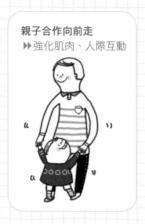

親子合作向前走
▶▶強化肌肉、人際互動

杯子疊疊樂
▶▶專注力、語言、小肌肉

左手，右手，請選擇！
▶▶判斷力、物體恆存概念

把米餅拿出來
▶▶理解力、學習力、解決問題能力

養孩子不能只顧個頭

■　此書針對不同年紀孩子的發展特性，提供了媽媽如何一起陪伴玩耍的適合建議，文筆親切，說明詳實。我在養育孩子時，也曾經是只顧孩子個頭、忙亂度日的新手媽媽。現在看到甫出生的孫子，又再次體驗到這段驚人發展的意義。因此，格外感謝這本書的出版。

　　養育孩子最重要的一點，就是「適切」。因為每個孩子的力氣和能力不同，喜歡的東西及適合遊戲的時間也不一樣。請在適當時機嘗試書內的諸多遊戲，觀察寶寶的反應。如果寶寶的接受度高，可以繼續進行，甚至再向前跨步，反之，則要慢慢嘗試，避免躁進。這本書的內容將可大大幫助所有照顧嬰幼兒的媽媽們，一方面能夠更開心地與孩子玩耍，一方面促進孩子的發展。

遊戲有益，寶寶有玩的權益

■　發展心理學中重要的語言和認知發展，是我在翻閱書冊時經常停下來看的課題，作者張有敬博士在這方面曾經提出有趣分析且寫成論文。

才想說近期似乎較少看到她的文章時，這本書就出版了。此書專為孩子正處於發展最重要階段 —— 嬰兒期（約0～2歲）的父母所寫，是他們必備的一本書。

嬰兒期可謂孩子最重要的時期，這時期腦部發展將達到80%，是決定著未來人生相關視野的重要起點。這本書提供這時期的寶寶與父母可以一起玩的遊戲，並按照發展里程表提供各式各樣的方法與資訊，發展心理學的最新理論，和張博士在幼兒教育實務上累積的智慧都完整蘊涵在內。借助此書的出版，期盼未來針對嬰兒期之後的幼兒期、兒童期、青少年期、成人期和老年期發展全過程所需的遊戲書，也能面世。

推薦序 3　鄭允京（兒童心理專家，天主教大學心理學系教授）

終結無聊的親子遊戲

■　孩子最常說的一句話是什麼？就是「好無聊」，意思是要人陪他玩。這意味著，聰明伶俐的孩子懵懵懂懂自認在遊戲中健康成長，同時產生自信感。但是，父母要和小孩子玩什麼、怎麼玩，往往毫無頭緒。

這本書提供遊戲的玩法，並針對遊戲的「好處」加以說明，但不強求全部都非玩不可。作者以多年的嬰幼兒發展研究和實務經驗為基礎，介紹適合各個發展階段的眾多遊戲。對於苦惱著是否該拿智慧型手機或平板給覺得無聊的孩子，或不曉得該怎麼和孩子玩的父母們，這本書提供了溫暖親切且健康有益的資訊。

專為家長與孩子
量身訂作的夢幻套組

• • •

就在大兒子剛學步的時候，我們全家一起踏上美國留學之路。這孩子在家裡待不住，一睜開眼就想往外跑，因此我幾乎每天都會在學校周邊無人行走的巷弄散步一小時，三天兩頭到市區逛逛。跟在孩子身旁的工作並不辛苦，不過，天天重複相同的街道、相同的風景，最後真的挺無聊。當時，附近沒有跟兒子同齡的孩子可以一起玩耍（或同齡孩子的媽媽），而且托兒所還在排隊等候中。

對我這主修發展心理學、「所學盡是紙上談兵」的新手媽媽而言，成天陪小孩一起「這樣玩耍」，只覺得日子過得甚是無趣。老實說，這段時間與其說是陪孩子玩，不如說是「顧著孩子」還更貼切些。再者，回到家後，家事也很忙碌，若有時間與孩子面對面坐下，做的也是費心「教導」孩子。

二十年過去，當時的新手媽媽成為研究員，研究著「媽媽與孩子一同遊戲」的方法。我會請媽媽們像平常一樣陪孩子玩，再把玩耍的場面錄下來。因為有錄影，所以媽媽們陪孩子玩的時候會比平時更熱烈，不過，每個媽媽與孩子玩的方式都不同。有的「直性子」媽媽平時就不特別陪孩子玩，只把寶寶長時間放在身旁顧著，也有媽媽抓著十八個月大的孩子不放，滿腔熱情地教寶寶認識顏色、數數。但幾乎沒有媽媽是真的「與孩子一起玩」。就像二十幾年前的我，大部分的母親以為教孩子或顧孩子，就是與孩子一起玩。

　　近年來，諸多研究中的研究人員一致認為，「對於孩子而言，沒有任何東西像遊戲一樣重要」。我想告訴那些像我以前一樣，不知道該如何與孩子玩而手足無措的媽媽們，遊戲是何等的重要。既然這麼重要，又該怎麼玩。若要了解遊戲對新生兒至24個月大的寶寶的重要性，首先要檢視這段時期的發展情形，認識遊戲所扮演的角色。

0～2歲寶寶的發展與遊戲

　　首胎出生時，我真的非常憂鬱。原本以為寶寶會很漂亮，實際上整個皺巴巴的，最糟的是，他無時無刻都在哇哇哭著，這個階段的孩子看起來似乎只是不分晝夜地吃、睡、哭，但後來我開始進修博士課程，才知道孩子在這兩年期間，其實有著極為重大的發展！

　　寶寶從出生到2歲為止，就像毛毛蟲變成蝴蝶一樣，經歷

著巨大變化。體重比出生時增加三至四倍，身高也增加三十公分以上。滿2歲左右的寶寶會走、會跳、會攀爬，能夠隨心所欲自由活動。此外，原本只會哭泣的寶寶，滿2歲時已經會說話、表達意見，甚至能以電話簡單通話。在看不見的腦中發生了更戲劇性的改變。

　　寶寶出生時，腦的重量約為350公克，滿2歲時增至1200公克，相當於成人腦重量的75%。寶寶出生時，腦內有1000至2000億個神經元，聯結這些神經元的突觸達5兆個以上。然而，此等程度的突觸僅限於應付呼吸、消化、睡眠等工作，亦即新生兒日常生活程度可及的機能。寶寶要翻身、爬行、走路、說話、認人等後續發展，還需要更多的突觸。突觸的數量在出生後三年之間增升二十倍，變成足足有1000兆個。突觸生成一段時間之後，使用過的部分突觸會獲得強化而留存，剩下的則會遭到廢棄處置。這個過程稱為「剪枝」，其中最為重要的正是「經驗」的角色。寶寶聽到聲音或吸母奶時，所經驗的任何刺激都會在寶寶腦中生成突觸且獲得強化。相反地，後來未再使用的突觸則會經由「剪枝」過程消除。

頭腦刺激的經驗＝遊戲

　　加州柏克萊大學戴蒙（Marian Diamond）博士以小老鼠為對象進行經驗研究，亦即環境影響的研究。她把小老鼠分成三組，第一組的環境寬敞但沒有玩具，第二組的環境寬闊且備有豐富玩具，第三組則是沒有玩具的狹窄環境。兩週過後，生活在環境寬闊且備有豐富玩具的老鼠，腦中統合感官資訊的部分

足足增厚16％。後來，研究人腦的科學家發現，環境刺激對於寶寶腦神經元突觸的製造果然有貢獻。若是如此，刺激寶寶腦部的豐富經驗（或環境）究竟是什麼呢？

戴蒙博士認為，所謂豐富的經驗，除了提供豐盛的營養食物，該環境下還可以感受到正面而無壓力的愉快氛圍、有著多樣感覺刺激和新穎奇特的挑戰與課題，讓孩子得以任意選擇、積極參與、有趣學習和自由嘗試。至於能把這些一次囊括在內的夢幻套組，就是「遊戲」。

媽媽與寶寶互相對視，出聲逗孩子而一起咯咯笑的瞬間，不安、害怕、擔憂、壓力一掃而空。寶寶吸吮、觸摸、敲打、亂丟，使用和實驗著任何身體的感覺。還有，他們在學習翻身、爬行、走路的方法時，積極挑戰新的課題。玩球時，學到這個世界的物理法則，與同齡孩子玩醫院遊戲時，可以熟悉社會規則，懂得體諒對方感受。此外，在玩恐龍遊戲時，能想像著未曾經歷過的新情境。對於這個時期的寶寶來說，發展過程的每一個瞬間，都是一個個的課題與遊戲，積極參與這些遊戲的經驗與時間，不僅有益寶寶的頭腦發展，更是有助於全人發展的最佳刺激與經驗（環境）。

該如何和孩子一起玩遊戲？

我曾經將研究論文中看到的方法應用在3～4個月左右的大兒子身上，把氦氣球繫在寶寶的腳踝。孩子非常興奮地踢腿，這使長期主修發展心理學的媽媽認為，自己做了一件了不

起的事（？）。但是，後來為了讓寶寶能夠獨自玩耍，我好像只想著盡可能地讓孩子自己玩。現在回顧起來，雖然很後悔當時未與孩子一起玩，但實際上，那時的我也不知道該怎麼陪孩子玩啊。所以頂多是帶著孩子到遊樂場、看著他玩，就自以為是最大限度地讓孩子玩耍而感到滿足。

那麼，什麼是遊戲？一般認為，遊戲的反面是「工作」，不過，研究遊戲的學者主張，遊戲的反面是「憂鬱」。換句話說，遊戲是有趣的活動。因為有趣，所以想玩；因為有趣，所以是能夠專注投入的活動。它不是要教導什麼、有著特定目的，遊戲本身就是目的，純粹是隨心所欲、自由選擇的愉快活動。因此，玩遊戲有幾項必須遵循的原則：

1. 遊戲不必是多了不起的東西
寶寶躺著時晃動搖鈴是遊戲，散步時摸弄落葉、聞其香氣也是遊戲。出聲逗孩子再一起笑，也可以是很棒的遊戲。還有，寶寶自己找出鍋碗瓢盆，弄出喀噹聲響，或反覆打開和關上蓋子的探索，也是遊戲。重要的是，給予孩子充分的探索機會和玩耍時間。

2. 由孩子選擇遊戲和決定玩法
即使寶寶和寶寶一起玩遊戲，大部分的大人常想著要教他們「正確的」玩法。其實，玩具並沒有正確的使用方法，遊戲也沒有正確的玩法。當寶寶用「其他」方法在玩，才是真正在遊戲。應該讓寶寶自己選擇、操作什麼樣的遊戲方法。

3. 遊戲一定要有趣

是否可稱得上遊戲，最重要的線索是「有趣」與否。這不是說要玩到咯咯笑，而是如果寶寶覺得有趣，整個投入而渾然不知時間流逝，那就真的是好遊戲。本書介紹的許多遊戲，明顯看似簡單且毫無特別之處，但是只要寶寶與媽媽能夠開心地投入玩耍，那就是最棒的遊戲。

遊戲並非了不起的東西，而是孩子可以隨心所欲選擇的有趣活動。不過，針對0～2歲的寶寶，有幾點應銘記在心：

1. 不要過度刺激

對於寶寶而言，過度刺激可能形成壓力。遊戲之前，先觀察寶寶的表情、聲音、行為動作，確認寶寶是處於疲倦或愉悅的狀態。如果孩子別過頭、背向後仰、哭泣、闔眼或打嗝的話，就是該讓寶寶休息的時候。

2. 確認安全

遊戲時，不要讓寶寶受傷，像是跌倒或撞到頭。還有，寶寶會把所有東西放進嘴中吸吮探索，所以請準備即使放進嘴裡也沒關係的玩具，並且做到隨時消毒、保持清潔。

3. 把孩子看平板、智慧型手機、電視等螢幕的時間減至最低

特別在0～2歲期間，正是寶寶學習如何與人和諧相處、互動的時期，最好不要把寶寶託付給電子裝置。

兒童發展心理學家、心理學博士
張有敬

▶ 本書使用方法 ◀

本書係按照各個不同發展時期，將最適合寶寶發展的遊戲分類列示。書中
結構和各區塊的使用方法說明如下。

● **各個時期的發展檢核表**。媽媽不妨以這份檢核表為基礎，觀察並留意自己寶寶的發展情形。

● **統合領域類型**。能夠同時刺激整體發展領域的遊戲是最好的。實際上，大部分的遊戲皆有助於增進多個領域的發展，即使是玩肢體發展的遊戲，由於會持續唱歌給寶寶聽、與寶寶對話，因此可能同時有助身體和語言領域的發展。遊戲種類方面，初期會有較多的肢體遊戲，隨著年齡增長，語言和認知遊戲的比重會上升。在與寶寶玩遊戲時，最好盡量讓他們多方面接觸各種領域的遊戲。

● **遊戲開場白**。在閱讀遊戲方法之前，會先針對遊戲做簡單的介紹，以便讓媽媽更理解。

● **準備物品**。說明遊戲必須準備的物品。善用家中易於取得的材料或回收用品，也能成為寶寶的好玩具。

0～4個月 潛能開發的統合遊戲 10

● 統合領域：身體與感覺／語言／認知

用手掌抓握

☑ 有助於手部肌肉發展，與手眼並用的協調能力
☑ 透過感覺經驗刺激腦部，認識更多身邊物品

此一時期的孩子常藉由把東西放進嘴中吸吮，或直接用手觸摸來進行探索，這個遊戲有助於寶寶練習用手抓握物品。

● 準備物品
搖鈴、各種觸感的玩具或手帕
（避免太小或有誤吞可能的東西）

● 遊戲方法
1. 讓寶寶躺下或背部靠著墊子坐好。
2. 把搖鈴放在寶寶的左手或右手手掌上，讓寶寶予以抓握。
「叮叮，想不想把抓住搖鈴？」
「對，就像這樣，把抓住搖鈴。」
「哇，抓住搖鈴了呢。」
3. 告訴寶寶手中物品的名稱或特徵。
「叮叮抓的是噹噹噹噹的搖鈴。」
「聽聽看，會發出噹噹噹噹的聲音。」
「現在抓住的是紅色的手帕。」

046

● 遊戲效果
• 有助於寶寶手部肌肉的發展。
• 有助於手眼並用，促進協調能力的發展。
• 能夠學習身邊各種物品的名稱和特徵。
• 透過各種感覺經驗來刺激腦部與感官。
• 學習到「揮動手臂搖鈴會發出聲音」的因果關係。

● 培養寶寶潛能的祕訣與應用
盡量讓寶寶觸摸如搖鈴般能同時提供視覺、聽覺、觸覺經驗的物品。讓寶寶抓握媽媽的手指，或提供小沙包，毛球、海綿、玩偶或手帕等不同觸感的東西。
因為寶寶喜歡把抓到的東西放進嘴裡，太小的物品很可能被誤吞，對此大人應該要多加注意。

幼兒發展漫談 抓握反射消失後，開始練習有意識的抓握

出生後未滿3個月的寶寶尚有抓握反射，就是他們原本是處於握拳狀態，手一碰到東西就會一把抓住的反應，好比寶寶的手碰到媽媽的頭髮或項鍊，就會一把抓住不放。不過，滿3個月以後，抓握反射會逐漸消失，寶寶的手也會開始展開。這時候，把搖鈴或玩具放到寶寶手上，就可以開始練習有意識的抓握。

探索自己的身體：用手掌抓握

047

● **遊戲效果**。這裡選錄該遊戲有助發展的機能。但實際效果遠比這裡列寫出來的多更多。

● 遊戲方法。這是針對像我一樣沉默少言的媽媽們，在與寶寶一起玩卻不知道該說什麼時，提供簡單的例示參考。原則上，玩遊戲時說的話，就像在與寶寶對話，或向寶寶說明場景。讀者可以參考一、兩段例子，之後不妨隨意發揮，達到與寶寶說話的目的即可。

● 培養寶寶潛能的祕訣與應用。這裡提供讓遊戲有所變化的玩法。依寶寶玩的情形並參考遊戲祕訣，媽媽與寶寶可以自行變化，使遊戲變得更多樣有趣。

017

幼兒發展淺談 趣味遊戲是培養運動能力的最佳利器

對於這階段的寶寶而言，是否會對重複地翻身和抬頭練習感到痛苦呢？研究人員的回答是「不會」。寶寶是為了觸碰自己想摸弄的玩具或達成某個想做到的目標，所以才練習新的運動技術。也就是說，他們並不是單純時機成熟而自然會抬頭、爬行或走路。

為了促進寶寶的運動能力的發展，及更進一步培養認知能力和頭腦發育，最佳方法就是營造好玩有趣的環境與活動。換句話說，無須擔憂寶寶活動時身體勞累，提供有趣的遊戲，對這時期的寶寶發展就是一大幫助。

● **幼兒發展淺談**。簡單介紹該時期寶寶的各種研究、理論和相關時事主題。有時候，複雜的實驗反而要以較簡單的方式來說明，內容可能看似不言而喻，但我還是努力想介紹相關科學研究和理據實在的知識，希望藉此讓讀者更加了解寶寶的發展。

● **Q&A煩惱諮詢室**。這部分是在實際調查養育此年齡層寶寶，對遊戲會出現的相關疑問中，選出提問頻率最高的4～5道問題進行說明。盼望藉由這些問題，能夠消解這段時期家長會有的煩惱。

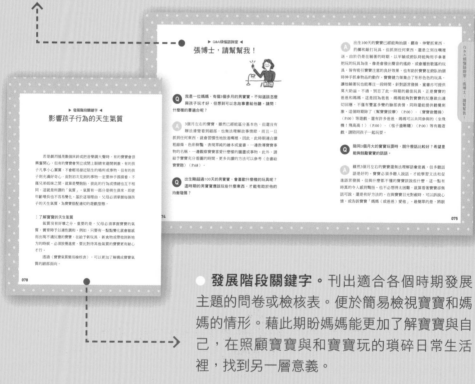

● **發展階段關鍵字**。刊出適合各個時期發展主題的問卷或檢核表。便於簡易檢視寶寶和媽媽的情形。藉此期盼媽媽能更加了解寶寶與自己，在照顧寶寶與和寶寶玩的瑣碎日常生活裡，找到另一層意義。

Chapter 1

專為 **0～4** 個月孩子設計的
潛能開發統合遊戲

探索自己的身體

透過刺激和遊戲，
與世界交流互動的時期。

• • •

身體與感覺領域的發展特徵

甫出生的寶寶，在聽覺、觸覺、味覺已經發展完善。此外，觸覺也很發達，這時期寶寶總是把手或腳放進嘴中吸吮，就算是探索自己的身體的方式之一。還有，寶寶很喜歡別人輕輕地撫摸或按摩。按摩，確實是平撫寶寶和促進發展的好方法。

寶寶的視覺發展比其他感官來得慢。他們喜歡看臉孔，更甚於任何玩具。黑髮與白臉的強烈對比、動個不停的眼睛和嘴巴等，對寶寶都是非常有趣的刺激。新生兒視力只有0.03，尚難辨識細部樣貌，但足以依偎在大人懷裡端詳臉龐。視力約在6個月大左右可達0.5，12個月左右則幾乎與成人無異。這段時期應盡量使用強烈對比，如把巨大圖形組成的床鈴，放置在距離寶寶視線20～30公分的地方，或為了讓寶寶能夠仔細看見爸媽臉龐，多與寶寶面對面互看等，都是最佳的視覺刺激。

即使新生兒還不太能分辨白色、藍色和綠色，但腦內視覺神經中樞高速發展後，約2～3個月時已能區別基本顏色。所以新生兒時期適合使用黑白對比的床鈴，這也是為什麼色彩鮮明的玩具總是比粉彩調性的玩具，更能引起寶寶興趣的原因。

這個時期的寶寶幾乎都是躺著，藉由吸吮、抓取等反射動作來反應。反射動作從3個月左右漸漸消失，3個月以後開始能夠自己活動身體。其實，在2個月時，已可在俯臥時揚起下巴、抬起脖子。這個時期的寶寶適合多給予身體接觸，幫助他們做寶寶體操，動一動手臂及雙腿。

認知領域的發展特徵

寶寶自出生起，就具有學習的能力。這項能力中，最具代表性的就是模仿。即使是新生兒，也能照著做出臉部表情或吐舌頭之類的動作，模仿可說是寶寶學習的基礎。此外，就像看到奶瓶就預知要喝奶一樣，他們會記得經常性反覆出現的行動而有預測的能力。若在2～3個月大的寶寶的腳踝綁線，腳一動，床鈴就會跟著晃動，寶寶在一週後，仍會記得這個有趣的經驗。也就是說，他們會記得自己如何動作，就會產生什麼樣的結果。寶寶擁有的記憶力和學習能力，也讓他們學習到「自己的某些舉動是人們所喜歡的」。發出咿咿呀呀聲音和微笑的時候，大人會跟著開心地展露笑顏。相反地，他們也會學到，

若是哇哇大哭，立刻就會有人前來哄抱。因此，最好重複那些
會讓寶寶覺得好玩或愉快的行為。

人際社會與情緒領域的發展特徵

這個時期的寶寶能夠辨別臉部表情。他們看得出幸福的
臉、傷心的臉、生氣的臉，也能察覺到「誰喜歡自己」。2個
月左右，他們懂得微笑，還有發出咿咿呀呀的聲音。大人看
到寶寶的微笑，也會相視而笑，或對著寶寶說話，如此一來，
寶寶與父母間會開始產生強烈的感情紐帶（也稱鏈結，Human
Bonding）。若大人面無表情或表現憂鬱，寶寶的表情也會變
得憂鬱，甚至放聲大哭。還有，生氣的臉部表情或大聲嚷嚷的
爭吵，都會讓寶寶受到驚嚇而感到害怕。從這個時期開始，我
們已當謹記，爸媽心情或表情會對寶寶產生影響。

語言領域的發展特徵

寶寶喜歡聽到說話聲和音樂聲。2～3個月左右的寶寶，
在語音辨別上，已有能力區分「ㄅㄚ」與「ㄆㄚ」，而且能把
說話者的唇形配上聲音。到了4個月左右，他們已經聽得懂自
己的名字或經常聽到的單詞。從出生起就多聽人說話，對於未
來的語言發展很有幫助。

023

● 0～4個月的發展檢核表

以下是0～4個月的寶寶的平均情形。每個孩子發展進度不同，可能稍快或稍慢。父母可以觀察下述活動的出現時機，透過遊戲促進相關發展。

月齡	活動	日期	觀察內容
1個月	眼睛能夠隨著物體移動		
	手臂能夠前後左右甩動		
	用眼睛探索周遭環境		
	對人的聲音做出反應		
	把頭轉向發出聲音的地方		
	與人對視		
	能夠跟著媽媽做表情或伸舌頭		
2個月	俯臥時脖子能左右活動		
	看著說話者的眼睛和嘴巴		
	對於鏡子映照的自己或外表有所反應		
	看到其他人會微笑或出聲		
3個月	俯臥時能把脖子抬起、眼看周圍		
	發現自己的手		
	吸吮自己的手指		
	把玩自己的手腳		
	笑出聲音		
	聽到媽媽的聲音會安靜下來		
4個月	把玩搖鈴10秒左右		
	能抬頭離地45度左右		
	喜歡被撫摸且精神專注		
	呼喚寶寶的名字時會轉過頭來		
	連續發出兩個不同的聲音		

統合領域：身體與感覺／語言

幫寶寶按摩

☑幫助入睡、平撫哭泣、促進消化與血液循環
☑增進感覺發展與神經活動，建立親子感情紐帶

寶寶洗完澡後，讓他舒服躺好，再幫他按摩。媽媽手沾嬰兒油或乳液，從頭直到腳趾，輕柔撫摸寶寶身體。

● 準備物品
　嬰兒油或乳液、大毛巾

大毛巾　　嬰兒油　　乳液

● 遊戲方法

1. 幫寶寶脫衣服，讓他躺在大毛巾上。
　「壯壯，今天媽媽要幫你按摩喔！」
　＊按摩時，可唱歌給寶寶聽，或和他說話。

2. 手沾乳液，從寶寶的身體中央向外輕輕地畫圓撫摸。
　「好舒服唷，媽媽幫你按摩，開不開心？」
　「要幫壯壯咕溜咕溜的肚子按摩囉！」
　＊觀察寶寶狀態，持續和他說話，並輕輕地捏按他的身體。

3. 支撐好寶寶頭部，將寶寶後翻俯臥後，幫他按摩背部。溫柔撫摸寶寶的脊椎和腰背，並輕拍寶寶的屁股。

4. 把寶寶翻回正面躺好，幫他按摩兩臂和雙腿。

「接下來，要幫壯壯捏一捏手臂。」

「現在要來捏一捏腿。」

5. 手指和腳趾要一根根輕撫。

「壯壯的腳趾頭好漂亮，一、二、三……。」

「壯壯的手指頭真的好長，一、二、三……。」

6. 還有，溫柔撫摸寶寶的頭部。把手指放在寶寶的額頭中間，順著眉毛慢慢向外側移動。

「壯壯的眼睛在哪裡啊？原來在這裡呀。」

「壯壯的鼻子在哪裡呢？喔，是在這裡。」

＊按摩時念出附近的器官，像是眼睛、鼻子、嘴巴，也可以把眼睛、鼻子、嘴巴等名稱編成歌謠來唱。

● 遊戲效果

★ 降低壓力荷爾蒙的水平，具有幫助寶寶入睡和停止哭泣的鎮靜效果。

★ 有助寶寶的血液循環，增進神經的活動與發展。

★ 有助寶寶的消化。

★ 增進寶寶對於身體各部位的感覺發展。

★ 對寶寶與爸媽之間的感情紐帶形成有所幫助。

● 培養寶寶潛能的祕訣與應用

可以讓寶寶仰躺或俯臥在大型健身球或沙灘球上，一邊抓住寶寶慢慢地移動，一邊按摩。也可以使用觸感不同的布巾，輕柔地按摩寶寶身體，讓寶寶體驗各式各樣的觸感。

按摩之後，可以朝寶寶的肚子、手臂或腿吹氣，同時發出「呼 —— 呼 ——」聲，或將嘴貼近寶寶「親親」。

除了坊間嬰幼兒專用按摩油，亦可用杏仁油、葡萄籽油、橄欖油等，但最好不要用從石油萃取出來的油。

幼兒發展淺談　袋鼠式護理

袋鼠式護理（KMC，Kangaroo Mother Care）係指如同袋鼠媽媽把袋鼠寶寶放在袋中一樣，把寶寶抱在懷裡，讓媽媽與寶寶的身體能夠密集接觸的方法。在哥倫比亞波哥大的醫院，當嬰兒保溫箱不足的時候，媽媽就得以袋鼠式護理為早產兒扮演保溫箱的角色。美國邁阿密大學觸感研究所的米給爾・迪亞哥（Miguel Diego）博士和瑪麗亞・荷南德茲萊芙（Maria Hernandez-Reif）博士團隊逾20年的研究顯示，幫寶寶按摩能夠活化他們的迷走神經（第10對腦神經），以產生更多有助於讓食物吸收的荷爾蒙，進而有益生長。

當媽媽與寶寶能經常性的身體接觸，還有以下好處：

★ 寶寶的體溫會隨著媽媽的體溫調節
★ 媽媽和寶寶之間能建立感情紐帶
★ 讓寶寶睡眠狀況變好，亦能平撫哭泣情形
★ 哺乳較為容易

統合領域：身體與感覺／語言

用手帕吸引寶寶

☑ 有助眼睛肌肉發展，促進視覺追蹤能力
☑ 透過多樣的肌膚刺激，增進觸覺的發展

2個月以後的寶寶，特別喜歡看移動中的事物。這個遊戲是對著躺著的寶寶揮動手帕，有助他的視覺發展。

● 準備物品
色彩鮮明的手帕、布巾或緞帶

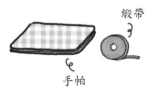

緞帶

手帕

● 遊戲方法
1. 讓寶寶平躺在地板或床墊上。
「圓圓，今天來看一個有趣的東西。」
「要仔細看媽媽拿什麼東西給你喔。」

2. 確認寶寶注意力被吸引之後，在距離寶寶臉部15～30公分的地方，緩緩地揮動手中的手帕或緞帶。
「哇，好漂亮的手帕唷。」
「圓圓，你看這條手帕慢慢地往左，再慢慢地往右。」
「還會慢慢地往上移，慢慢地往下移。」

3. 用手帕輕拂寶寶的臉龐或手臂。

「手帕來摸摸圓圓的臉。」

「還要摸摸圓圓的小手臂。」

「圓圓想拿拿看手帕嗎？」

● 遊戲效果

★ 有助於眼睛肌肉的發育，促進視覺的發展。

★ 開發目光隨著物體移動的視覺追蹤能力。

★ 透過多樣的肌膚刺激，增進觸覺的發展。

● 培養寶寶潛能的祕訣與應用

　　也可以利用緞帶（絲巾）或色彩鮮明的布球或搖鈴，亦可在晚上關燈後，用手電筒來吸引寶寶的目光。當手帕上下左右移動，讓寶寶動一動眼球，看往不同的方向。寶寶要到3～4個月左右，視線才能緩緩地隨著物體上下移動。剛開始，寶寶只會有揮動手腳的反應，不過很快地，他就會試著用手去拍打揮動的手帕（或物品）。

幼兒發展淺談　**寶寶也會分辨顏色**

　　新生兒也看得見顏色，但還不太能區分太相近的顏色，如紅色與橙色。使用像黑和白這種顏色對比強烈的床鈴等，才能予以視覺刺激。寶寶到了2～3個月左右，已經能夠區分基本顏色。從這時候起，雖然色彩繽紛的玩具能吸引他們的興趣，但強烈的原色仍比粉彩調性的顏色更佳。

統合領域：身體與感覺／語言／人際社會與情緒

寶寶做體操

☑ 增強寶寶的肌肉力量，有助於肢體的協調
☑ 幫寶寶認識自己的身體，學習各部位名稱

對於曾經窩在媽媽肚子裡10個月的寶寶來說，寶寶體操是得以充分舒展手腳，促進身體與肢體發展的遊戲。

● 準備物品
無

● 遊戲方法

1. 讓寶寶平躺在地上。

   「壯壯，想不想和媽媽一起做體操呢？」

2. 大人要與寶寶面對面，目光相對，同時，要觀察寶寶的情緒狀態。確認寶寶正看著媽媽、姿勢沒有歪斜之後，在寶寶躺好的狀態下開始。

   「壯壯躺好了，現在我們來做寶寶體操。」

   「開心嗎？壯壯做寶寶體操時，是不是覺得全身舒暢！」

3. 喊「1」的時候，輕輕把寶寶雙臂稍微向上提，喊「2」的時候
   放下，如此重複2～3回，再輕撫寶寶的手臂。
   「壯壯手臂向上舉囉。1、2、1、2⋯⋯，手臂變更壯囉。」

4. 把寶寶雙臂交叉做「X」字形2～3回，再帶著他拍拍手。
   「手臂交叉體操開始了，1、2、1、2⋯⋯。」
   「來，拍拍手，1、2、3⋯⋯。」

5. 把寶寶的雙腿往上提（腿與身體約呈90度）再放下來，並重複
   2～3回。
   「壯壯把腿抬起來。1、2、1、2⋯⋯，腿更強壯了。」

6. 讓寶寶腳跟併攏，大人輕握腳踝，推向
   身體後再拉直，重複2～3回。
   「兩腿彎曲再伸直。1、2、1、2⋯⋯，
   很舒服吧。」
   「壯壯好快就要長大了。」

7. 試著讓寶寶自己用腳施力，看能不能把
   媽媽的手掌往外推。
   「來，踢踢看媽媽的手。1、2、1、
   2⋯⋯，加油！」

● 遊戲效果
★ 伸展寶寶的手臂和雙腿。
★ 增強寶寶的肌肉力量，為身體協調性奠定基礎。
★ 幫助寶寶認識身體，學習身體各部位的名稱。
★ 與寶寶溫柔地身體接觸，可以強化彼此的感情紐帶。

● 培養寶寶潛能的祕訣與應用

做寶寶體操的時候，要一邊觀察寶寶的情緒，一邊溫柔緩慢地動作。如果每天勤做相同的動作，寶寶逐漸也能在媽媽的指示下自己動作。寶寶呈現彎曲的手臂和雙腿，會隨著運動發展而漸漸伸直。

幼兒發展淺談　寶寶體操和按摩可以提升專注力

根據韓國中央大學全善惠教授的研究，幫寶寶按摩腳或肚子的話，他腦中的 α（alpha）波會像放鬆時一樣升高，心情會變好。做寶寶體操時，在認知作用與頭腦活動時產生的 γ（gamma）波波形也會大量出現。不僅如此，寶寶體操與按摩會使寶寶的情感交流、情緒穩定、專注力變得更好。

調查顯示，寶寶最喜歡的身體部位是腳，最喜歡的時間是下午洗澡之後。此外，若每天勤於進行寶寶按摩、手臂雙腿的伸展、抓住腳丫上下擺動等動作，這樣寶寶的運動發展會更為迅速。

統合領域：語言／人際社會與情緒／身體與感覺

與寶寶對話

☑ 在對話中學習到「先聽再說」的順序與原則
☑ 透過「聽」到各式各樣的字詞，促進語言發展

這是透過在日常生活中與寶寶自然對話，促進語言發展的遊戲。不僅有益寶寶與爸爸、媽媽間的情感交流，對寶寶的人際發展也有所助益。

● 準備物品
無

● 遊戲方法

1. 在寶寶醒著（精神好）的時候，與寶寶目光對視和說話。一邊述說寶寶的狀態，一邊表現媽媽的疼愛。
   「壯壯，睡得好不好啊？」「壯壯，尿布溼了嗎？」
   「壯壯，肚子餓不餓？」「壯壯，媽媽好愛你喔！」

2. 媽媽說完話後，寶寶通常會發出「嗚」「啊」「呀」等咿呀兒語，務必等待寶寶的聲音反應。

3. 寶寶咿呀兒語結束之後，要給予稱讚或回應。
   「壯壯好會說話唷。壯壯也說『愛媽媽』嗎？」
   「壯壯會回答耶，好棒。壯壯是說『很開心』啊？」

4. 說話時，最好語句簡短、單詞清楚，且經常重複述說。
　「壯壯，尿布換好了，好舒服。」

● 遊戲效果
★從對話中學到並習慣「先聽再說」的規則。
★因為聽到各式各樣的字詞語音，促進語言發展。
★透過相互交流，強化媽媽與寶寶間的感情紐帶。

● 培養寶寶潛能的祕訣與應用
　說話時聲調要有高低起伏，並對寶寶的咿呀兒語積極回應。這樣的話，寶寶會更頻繁地咿呀學語，有助語言發展。

幼兒發展淺談　寶寶聽得出抑揚頓挫

　寶寶2個月大左右，會發出「ㄛ」「ㄚ」等聲音。然後，在4個月大左右，開始加上會發出「麻麻」「拔拔」之類的兒語。就像在與爸爸、媽媽對話一樣，寶寶開始咿呀兒語時，爸爸、媽媽會聽他們說話，而爸爸、媽媽說話的時候，寶寶也會停止咿呀兒語來傾聽。

　不過，寶寶也聽得出父母愉悅或生氣時說話的抑揚頓挫。所以，聽到高興的聲音，他們會以咿呀兒語回應，聽到生氣般的聲音，則會感到緊張而突然停止動作。因此，與寶寶說話時，盡可能要以愉悅的抑揚頓挫溫柔說話。

統合領域：語言／人際社會與情緒／身體與感覺

捂臉遊戲

☑ **物體恆存概念（暫時看不見的物體不會永遠消失）**
☑ **有助記憶力的發展，記得暫時看不見的物體**

媽媽的臉在寶寶的視線之前消失、再出現，這是有助於發展物體恆存概念和發展記憶力的代表性遊戲。

● 準備物品

無

● 遊戲方法

1. 讓寶寶平躺地上，母子目光對視之後開始。

   「圓圓，和媽媽一起來玩捂臉遊戲。」

2. 媽媽用雙手遮住自己的臉。

   「媽媽在哪裡？媽媽躲到哪裡去？」

   「來找媽媽唷。媽媽不見了！」

3. 邊喊「哇嗚」邊放下遮臉的手，讓寶寶看到媽媽開懷大笑的臉。

   「哇嗚！媽媽在這裡！圓圓，看看是不是媽媽？」

● 遊戲效果
★ 發展物體恆存概念，理解暫時看不見的物體不會永遠消失。
★ 有助於工作記憶力的發展，寶寶會記得暫時看不見的物體。

● 培養寶寶潛能的祕訣與應用
　　媽媽也可以用毛巾（或手帕）把整個臉遮住。從毛巾後露臉時，試著從上下左右出現，讓寶寶預測方向。或用毛巾遮住躺著的寶寶的眼睛，喊「哇」再拿下手帕。
　　把寶寶喜歡的玩具或搖鈴藏在毛巾下面，讓寶寶找找看。藏的時候，一定要在寶寶視線的前方。當寶寶還沒有物體恆存的概念而立刻對遊戲失去興趣的話，可以假裝東找西找，並將玩具露出一部分，讓寶寶看見而找到。隨著寶寶記憶力的發展，遮臉或藏玩具的遊戲時間可以慢慢拉長。

幼兒發展淺談　物體恆存概念的發展

　　如果在寶寶視線前方把剛才正在玩的玩具藏起來，1～4個月大的寶寶不會疑惑玩具何時再出現，也不會再去找玩具，因為寶寶認為「眼睛看不到，就是不存在」。寶寶必須學習「即使眼睛看不到，那個物體仍然存在」的物體恆存概念。4～8個月後，他們能夠找到遮住一半的玩具，12個月大以後，物體恆存的概念才會完全建立起來。對於正在學習物體恆存概念的寶寶而言，媽媽消失又立刻出現的摀臉遊戲，反轉了寶寶的預測與期待，對他們來說是非常好玩的遊戲。

統合領域：認知／人際社會與情緒／語言

教寶寶伸舌頭

☑ 模仿可以理解他人想法，也是學習的基礎
☑ 試著讓寶寶跟著做，發展專注力和傾聽力

即使是甫出生的寶寶，也有模仿的能力。利用寶寶與生俱來的模仿能力，來與寶寶目光對視、交流情感。

● 準備物品
無

● 遊戲方法

1. 抱著寶寶，親子面對面約20～30公分距離互視。
   「今天開不開心？我是誰呢？我是壯壯的媽媽。」
   「想不想和媽媽一起玩個有趣的遊戲啊？」
   「來，跟著媽媽一起做，像這樣伸舌頭。」

2. 在寶寶的注意力被吸引，仰望媽媽臉孔時，緩緩伸出舌頭2～3秒，讓寶寶可以看得到。

3. 如果寶寶跟著伸出舌頭，可以親吻寶寶臉頰和稱讚。

「哇，我們家的壯壯好棒喔！」

「壯壯會伸舌頭耶。」

4. 重複伸舌頭的遊戲2～3回。

「要不要再試一次呢？」

● 遊戲效果

★ 模仿是學習任何事情的基礎。

★ 跟著行動，可以發展能理解他人想法的社會性。

★ 願意試著做，可以發展專注力和傾聽的能力。

● 培養寶寶潛能的祕訣與應用

　　即使寶寶沒有跟著伸舌頭，也不要失望。寶寶在肚子餓或疲倦想睡的時候，可能不會跟著做，不妨等寶寶心情愉快時再試試。除了伸舌頭，還可以做其他的臉部表情（如嘟嘴、眨眼睛等），引導寶寶跟著做。

幼兒發展淺談　新生兒伸舌頭的研究

　　美國心理學者安德魯梅哲夫（Andrew N. Meltzoff）在寶寶面前吐舌頭的相片十分著名。為了做這項研究，梅哲夫一聽到寶寶出生的消息，便在深夜立刻趕赴醫院。結果顯示，當他對著出生未滿20分鐘的新生兒伸舌頭時，新生兒也會跟著模仿。這間接證實寶寶剛出生就擁有基本模仿能力。

統合領域：身體與感覺／語言

俯臥抬頭

☑強化肩頸背部肌肉，有助寶寶學坐學走
☑理解右邊、左邊等方位單詞的意義

這是幫助寶寶坐、爬、走等發展的重要遊戲。頸部、肩部、背部肌力弱的寶寶，學步通常會比較遲鈍。寶寶出生後就開始練習俯臥抬頭的話，對於身體發展很有幫助。

● 準備物品
無

● 遊戲方法
1. 讓寶寶肚子著地，俯臥床上或地墊上。
「壯壯，要不要來試試看俯臥抬頭？」

2. 在寶寶的視線高度，面對寶寶，說話稱讚他。
「壯壯，看著媽媽。做得很好喔。」
「壯壯的手臂和背部好有力唷！」

右邊　　左邊

3. 看著寶寶時，把臉向左、向右移動，觀察寶寶是否跟著轉頭。
「壯壯，看媽媽。往右邊，啾！」
「好，這次要往左邊喔，啾！」

4. 感覺寶寶累了的話，就把他翻回平躺。

「壯壯累了嗎？那就休息一下再玩。」

5. 寶寶換好尿布或洗澡後，練習個1～2分鐘。當寶寶抬頭愈來愈輕鬆，遊戲時間可以慢慢拉長。

● 遊戲效果

★有助於強化頸部、肩部、背部的肌肉。

★在寶寶學坐、學走路等時期，有助其身體的正常發展。

★有助於理解右邊、左邊等表達位置的單詞的意義。

● 培養寶寶潛能的祕訣與應用

這個遊戲可以在媽媽採半躺姿勢時，讓寶寶俯臥在媽媽胸口進行，或媽媽坐正時，寶寶俯臥腿上進行。

幼兒發展淺談　正面仰睡

在我養育孩子時，流行的是讓寶寶趴睡，主要因素是趴睡使寶寶頭型渾圓漂亮，心肺機能也獲得強化。但研究報告顯示趴睡寶寶猝死情形發生比例較高之後，美國自1994年起便開始提倡「新生兒正面仰睡」的活動。雖然如此，我仍建議在寶寶醒著時，充分做俯臥抬頭的練習。

統合領域：身體與感覺／語言／人際社會與情緒

魔鏡啊！魔鏡！

☑ 提供視覺刺激，有助近距離視力發展
☑ 認識身體部位，有助建立自我意識

這是媽媽和寶寶一起看鏡子，讓寶寶熟悉自己臉孔的愉快遊戲。其實，不只是鏡子，任何可以反射的物品都可以。

● 準備物品
鏡子

鏡子

● 遊戲方法

1. 媽媽把寶寶抱坐在腿上，兩個人一起看著鏡子。
「圓圓啊，想不想和媽媽一起照鏡子？」
「我們來看看鏡子裡有誰。」
「猜猜看，這個漂亮的娃娃是誰呀？」

2. 看著鏡子裡的寶寶，叫他的名字，和他打招呼。
「圓圓，哈囉？」
「鏡子裡是圓圓耶。」

3. 讓寶寶直接摸摸看鏡子裡的映像。
「圓圓想不想摸摸看啊？」

4. 一邊用手指寶寶的鼻子（或嘴巴、額頭、頭髮、眉毛、耳朵等各個部位），一邊看著鏡子。

「圓圓的鼻子在哪裡？」

「圓圓的鼻子在這裡！」

● **遊戲效果**

★提供好玩的視覺刺激，有助於近距離視力的發展。

★提升寶寶對身體部位的認識，有助於自我意識的發展。

● **培養寶寶潛能的祕訣與應用**

　　讓寶寶用肚子著地的俯臥姿勢看鏡子，能夠強化肩部、背部和頸部的肌肉。寶寶觸摸鏡子裡自己的映像時，必須特別留意別讓鏡子傾倒。

幼兒發展淺談　口紅實驗

　　這個時期的寶寶還認不太出來鏡子裡是自己的臉，多半會以為鏡子裡的映像是另一個寶寶。必須等到18～24個月左右，才會開始認出鏡子映射的是自身模樣。媽媽可以在假裝幫寶寶擦臉時，在他的鼻子點上紅色口紅，再讓他照鏡子。18個月以後的寶寶會嘗試擦拭自己的鼻子，但在此之前，寶寶只會去摸鏡子裡的口紅痕跡。像這樣能認出相片或鏡子裡的自己，是發展自我意識的第一個重要經驗。

統合領域：認知／身體與感覺／人際社會與情緒

推倒積木塔

☑練習在俯臥時伸出手臂，培養手眼協調能力
☑讓寶寶體驗自身行為與有趣結果的因果關係

這個遊戲不只好玩，也能讓寶寶在伸手推倒積木塔的同時，感受到因為自身的行為而產生有趣後果的成就感。

● 準備物品
積木或能堆疊起來的玩具或盒子

積木

● 遊戲方法

1. 讓寶寶以肚子著地的趴姿俯臥。
「壯壯，我們趴著也可以玩遊戲。想玩這個有趣的遊戲嗎？」

2. 在寶寶伸手可及的距離，用積木堆疊成塔。
「來，壯壯啊，你看前面那是什麼？」
「這是媽媽用積木堆成的城堡。」

3. 引導寶寶伸手把積木塔推倒。
「壯壯，來把積木塔嘩啦啦地推倒吧！」

4. 寶寶把積木塔推倒，要給予口頭稱讚，並重新疊塔。

「城堡倒了。壯壯是大力士。要不要再試一次？」

● 遊戲效果

★ 寶寶會體會到自身行為與有趣結果的因果關係。

★ 眼睛聚焦、對準積木，使近距離視力獲得發展。

★ 因為維持俯臥姿勢，頸部和肩部的肌力增長。

★ 在俯臥姿勢下伸出手臂，從而培養手眼協調的能力。

★ 看到自身動作導致的結果，因此產生成就感。

● 培養寶寶潛能的祕訣與應用

除了積木外，也可以使用不倒翁或寶寶喜歡的玩具。不管是什麼東西，若是在寶寶以手拍打而坍倒之際，可以搭配類似「嘩啦啦」等戲劇性強烈的聲音效果，會讓寶寶更喜愛這個遊戲。

如果寶寶已經會匍匐移動了，就試著把積木塔的位置放遠一點。推倒積木塔或抓拿有趣的玩具，對這年紀的寶寶來說雖然吃力，但他必須在俯臥時支撐自己的身體和活動小手。所以這個遊戲不但有趣，還是很棒的運動。

幼兒發展淺談　趣味遊戲是培養運動能力的最佳利器

　　對於這階段的寶寶而言，是否會對重複地翻身和抬頭練習感到痛苦呢？研究人員的回答是「不會」。寶寶是為了觸碰自己想摸弄的玩具或達成某個想做到的目標，所以才練習新的運動技術。也就是說，他們並不是單純時機成熟而自然會抬頭、爬行或走路。

　　為了促進寶寶的運動能力的發展，及更進一步培養認知能力和頭腦發育，最佳方法就是營造好玩有趣的環境與活動。換句話說，無須擔憂寶寶活動時身體勞累，提供有趣的遊戲，對這時期的寶寶發展就是一大幫助。

統合領域：身體與感覺／語言／認知

用手掌抓握

☑ 有助於手部肌肉發展、手眼並用的協調能力
☑ 透過感覺經驗刺激腦部，認識更多身邊物品

此一時期的孩子常藉由把東西放進嘴中吸吮，或直接用手觸摸來進行探索，這個遊戲有助於寶寶練習用手抓握物品。

● 準備物品
搖鈴、各種觸感的玩具或手帕
（避免太小或有誤吞可能的東西）

搖鈴

各種觸感
的玩具

各種材質的
布巾、手帕

● 遊戲方法

1. 讓寶寶躺下或背部靠著墊子坐好。

2. 把搖鈴放在寶寶的左手或右手手掌上，讓寶寶得以抓握。
   「圓圓，想不想抓抓看搖鈴？」
   「對，就像這樣一把抓住搖鈴。」
   「哇，抓住搖鈴了。」

3. 告訴寶寶手中物品的名稱或特徵。
   「圓圓抓的是噹啷噹啷的搖鈴。」
   「聽聽看，會發出噹啷噹啷的聲音。」
   「現在抓住的是紅色的手帕。」

● 遊戲效果

★ 有助於寶寶手部肌肉的發展。

★ 有助於手眼並用，促進協調能力的發展。

★ 能夠學習身邊各種物品的名稱和特徵。

★ 透過各種感覺經驗來刺激腦部與感官。

★ 學習到「揮動手臂搖鈴就會發出聲音」的因果關係。

● 培養寶寶潛能的祕訣與應用

　　盡量讓寶寶觸摸如搖鈴般能同時提供視覺、聽覺、觸覺經驗的物品。讓寶寶抓握媽媽的手指，或提供小沙包、毛球、海綿、玩偶或手帕等不同觸感的東西。

　　因為寶寶喜歡把抓到的東西放進嘴裡，太小的物品很可能會被誤吞，對此大人應該要多加注意。

幼兒發展淺談　抓握反射消失後，開始練習有意識的抓握

　　出生後未滿3個月的寶寶尚有抓握反射，就是他們原本是處於握拳狀態，手一碰到東西就會一把抓住的反應，好比寶寶的手碰到媽媽的頭髮或項鍊，就會一把抓住不放。不過，滿3個月以後，抓握反射會逐漸消失，寶寶的手也會開始展開。這時候，把搖鈴或玩具放到寶寶手上，就可以開始練習有意識的抓握。

統合領域：身體與感覺／語言／認知

抓住移動中玩具

☑ 發展視覺追蹤能力和身體兩側的協調力
☑ 理解自身行為與行為結果間的因果關係

3～4個月左右的寶寶已經能夠伸手抓玩具。這時可以嘗試讓寶寶伸手抓移動中的物體，而非靜止的物體。

● 準備物品
小玩偶等玩具、絲帶

小玩偶　　　絲帶

● 遊戲方法
1. 讓寶寶躺下或背部靠著墊子坐好。
   「圓圓，和媽媽一起來玩個有趣的遊戲。」
   「媽媽搖玩具，圓圓來抓抓看。」

2. 用絲帶綁玩具，在寶寶面前15～20公分處慢慢向左向右搖動。
   「來，往左邊。啾 ── 來抓抓看。」
   「這次是往右邊。啾 ── 來抓抓看。」

3. 讓寶寶嘗試用手拍打或直接抓住玩具。

4. 寶寶抓到玩具的話，給予口頭稱讚。
   「圓圓抓到了，好棒唷！」

● 遊戲效果

★ 視線跟著移動中的玩具，有助發展視覺追蹤能力。

★ 寶寶會在把頭往玩具方向轉動的同時伸出手，兩者皆有助於發展身體兩側的協調能力。

★ 抓握動作有助於手部肌肉的發展。

★ 能夠學習到自身行動與行動結果之間的因果關係。

★ 有助於理解右邊、左邊等表達方位的詞語意義。

● 培養寶寶潛能的祕訣與應用

　　寶寶的好奇心與他們的運動能力一樣，在嘗試抓拿玩具的過程中有著重要作用。為刺激寶寶的好奇心，可以試試使用會發出聲音或色彩鮮豔的玩具。玩具可以移往不同方向，從左到右、從右到左、從前向後、從後向前等，或以不同速度、時快時慢地移動。在熄燈的房間內移動會發光的玩具也行，約5個月左右的寶寶即使看不見自己的手或手臂，但已能用手抓住移動中的發光玩具了。

幼兒發展淺談　**寶寶吸吮自己的手腳**

　　寶寶會把自己的身體當玩具。盯著手一陣子後就滋滋吸吮，抓住腳就往嘴裡放。寶寶透過這樣的行為，能感受且學習到「手腳是自己身體的一部分」。口腔內存在數百萬個神經細胞，在探索新奇有趣的感覺之際，吸吮是最好的方法。

統合領域：身體與感覺／人際社會與情緒／認知／語言

拍拍手

☑鍛鍊手力、臂力，與培養手眼的協調能力
☑常聽「拍拍手」之類具節奏感詞語，有助語言發展

媽媽握住寶寶的手，一起拍拍手吧。這個幾乎每個國家都會玩的遊戲，有助增進寶寶與父母間的互動。

● 準備物品
無

● 遊戲方法
1. 媽媽用雙手分別握住寶寶的左手和右手。
「圓圓，媽媽握著你的手，我們來拍拍手。」

2. 親子目光相對，邊拍手邊唱（念）「拍拍手、拍拍手……」。
「拍拍手，拍拍手，拍拍手，圓圓會拍拍手！」
「哇，好棒！圓圓好棒！」

● 遊戲效果

★ 培養寶寶的手力、臂力和手眼協調力。

★ 強化媽媽和寶寶之間的感情紐帶。

★ 經常聽類似「拍拍手」等具節奏感的詞語，有助語言發展。

● 培養寶寶潛能的祕訣與應用

　　寶寶用自己的力量拍手，至少要等到出生8～9個月以後。 在這個時期，媽媽若是握著寶寶的手拍手，就能感受到寶寶的手力逐漸增強中。

幼兒發展淺談　**簡單遊戲的驚人效果**

　　拍拍手、戳戳手掌、搖搖頭、站高高等，都是不需要任何道具，媽媽就能與寶寶一起玩的簡單遊戲。相較於西方社會與寶寶玩時會使用玩具，這些簡單遊戲的特色，乃是以運用身體為主，且配合遊戲吟唱（或念）詞語重複的童謠。

　　曾有研究針對上述簡單遊戲、積木遊戲和自由遊戲進行比較。結果顯示不需要準備道具的遊戲，大人在語言和互動方面更為投入，而且寶寶能玩得更久。此外，這種遊戲最常出現諸如「還想再玩一次嗎？」「該怎麼做比較好呢？」之類試圖了解寶寶心思，引發共鳴的反應。因此，可以協助寶寶的語言發展和情緒發展。

統合領域：身體與感覺／語言

趴著抓滾球

☑ 發展肩、胸和背的肌肉，促進肚子推地能力
☑ 培養追視能力。有助理解表達方位的詞語

這是適合在寶寶「已經可以俯臥抬頭」之後玩的遊戲。把球放在寶寶的視線範圍內，讓寶寶去抓球。

● 準備物品
各種顏色的小球

各種顏色的小球

● 遊戲方法

1. 讓寶寶肚子著地趴著。
　「壯壯，我們趴著來玩球，好不好？」

2. 在趴著的寶寶前方，緩緩滾動小球。確認寶寶有盯著球看。
　「媽媽要滾球了。壯壯快來把球抓住。」
　「往左邊咕嚕咕嚕地滾！往右邊咕嚕咕嚕地滾！」

3. 觀察寶寶有沒有用肚子推地或奮力伸出手臂抓球。

　　「壯壯加油！使出力氣，來抓咕嚕咕嚕滾的球。」

　　「寶寶好棒喔。還想再玩一次嗎？」

● 遊戲效果

★ 發展寶寶的手眼協調能力。

★ 發展眼睛追蹤移動物體的「追視能力」。

★ 發展肩、胸和背部的肌肉，促進肚子推地的能力。

★ 有助於寶寶理解表達方位的相關詞語。

● 培養寶寶潛能的祕訣與應用

　　除了一般的小球外，也可以使用5～6張衛生紙浸溼製成的衛生紙球。多使用「咕嚕咕嚕」「圓滾滾」等擬聲詞和形容詞，可以提供寶寶有趣的語言刺激，且遊戲效果更佳。

幼兒發展淺談　運動能促進腦部發展

　　寶寶時機成熟就會翻身、會爬、會站。既然運動能力是自然發展而成，為什麼還要如此耗費心思呢？理由在於，身體發展固然重要，但此時期的運動發展還是與寶寶的認知發展有關。原本躺著的寶寶會坐、會爬之後，一方面他們已經具備移動能力，一方面寶寶的視野得以擴展。當他們抓拿、吸吮有趣的物品時，也是讓寶寶有機會做各式各樣的探索。提供如此多樣的五感刺激，使腦中不同領域的神經元相互連結，可促進腦部發展。

統合領域：身體與感覺／認知

維持俯臥的練習

☑ 維持俯臥姿勢觀察周邊，提供寶寶新視野
☑ 有助於伸手、翻身與坐立等動作的發展

對於原本只是躺著的寶寶來說，俯臥姿勢是提供新視角和新環境的良好經驗。

● 準備物品
大毛巾或毯子

● 遊戲方法

1. 把大毛巾或毯子捲起來，固定兩側使之不致鬆開。
　「壯壯想試試趴著玩嗎？媽媽來幫你。」

2. 讓寶寶俯臥。把捲起來的毛巾放在地板和寶寶肚子之間。
　「來，試試看這樣趴著？媽媽把毛巾放在肚子下面。」

3. 讓寶寶的手臂和胸部置於毛巾之外。
　「哇，壯壯趴得很好耶！這樣可以把臉仰起來、自由活動手臂，很好玩，對吧？」
　「躺著只能看到天花板，這樣趴著很棒吧？可以看到更多新奇有趣的東西，對不對？」

● 遊戲效果

★ 抬頭和提起肩膀可以有效強化手臂和背部肌肉。

★ 透過毛巾輔助，有助於維持寶寶的俯臥姿勢。

★ 因為寶寶的手能自由活動，有助於伸手動作的發展。

★ 以俯臥姿勢觀察周邊，提供與平躺不一樣的視角。

★ 可以促進翻身、坐立等動作的發展。

● 培養寶寶潛能的祕訣與應用

　　讓寶寶的肚子在毛巾上面慢慢滾動，或在俯臥寶寶的眼前放置趣味的玩具吸引他伸手，皆有助於寶寶較長時間維持俯臥的姿勢。此時，媽媽不妨一邊說故事或唱歌給寶寶聽。

幼兒發展淺談　**視覺經驗有助於伸手發展**

　　寶寶的運動發展速度因人而異，環境因素也會影響。例如，若是寶寶周圍有許多可以看的東西，就有助於促進寶寶的伸手發展。有項研究將寶寶分為三組，研究他們的伸手發展情況。第一組在嬰兒床周圍提供豐富的視覺圖樣。第二組先給寶寶看設計單純的圖樣，之後在床鋪上方掛上床鈴，提供適量的視覺刺激。第三組則未提供任何視覺刺激。

　　研究結果顯示，受到豐富或適量刺激的比未受任何刺激的嬰兒，在後來面對物品時會更快把手伸出來。也就是說，為了增進寶寶運動發展，把周圍環境變得有趣是有幫助的。

統合領域：身體與感覺／認知

用腳踝踢床鈴

☑強化腿部肌肉發展。理解行為與結果的因果關係
☑逐漸記住踢腳有好玩的效果，而能發展記憶力

這是有助於發展寶寶腳踝力量和記憶力的遊戲。

● 準備物品
　絲帶、床鈴

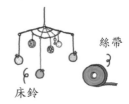

絲帶

床鈴

● 遊戲方法

1. 讓寶寶平躺於嬰兒床上。
　「壯壯，今天來做踢腳的練習，好不好？」

2. 在寶寶腳踝繫上連結至床鈴的絲帶。
　「媽媽幫壯壯的腳綁上線。動一動你
　的腳，看看會怎麼樣？」
　「床鈴會噹啷噹啷地動喔。要不要再
　試一次？」

3. 寶寶每踢一次腳，床鈴就會動。
　「來，壯壯再踢腳看看。你看，壯壯
　腳一踢，床鈴就會噹啷噹啷地動起來
　唷。哇，很好玩吧。」

4. 寶寶興奮踢腳時，記得給予口頭稱讚。

「壯壯踢腳踢得真棒。床鈴噹啷噹啷，真的很有趣。」

● 遊戲效果

★ 興奮踢腳的同時，寶寶腿部肌肉獲得強化。

★ 理解踢腳與床鈴晃動之間的因果關係。

★ 因記住「踢腳會有好玩效果」而能培養記憶力。

● 培養寶寶潛能的祕訣與應用

　　若以大型氦氣球取代床鈴連結至寶寶腳上時，氣球晃動幅度更大，會讓寶寶覺得更有趣。如果是在床鈴上掛搖鈴，或在寶寶的腳上綁上搖鈴，則可以增添聽覺的刺激，寶寶也會很喜歡。

幼兒發展淺談　**寶寶的記憶**

　　心理學者羅伊柯利爾（Carolyn Rovee-Collier）曾進行一個測試，就是在約2～3個月的寶寶腳踝綁上繩子，並連結到床鈴。數分鐘之後，寶寶因為知道「一做出踢腳動作，床鈴就會跟著動（發出聲音）」，所以感到非常興奮而開心地持續踢腳。這個結果意味著，他們察覺到「自己踢腳」與「床鈴會動」之間的因果關係。

若是這樣，寶寶對於此經驗的記憶能持續多久呢？根據羅伊柯利爾的研究結果顯示，2個月大的寶寶大概有三天、3個月大的寶寶則約一週以上，仍會記得「自己腳一踢，床鈴就動」的經驗而嘗試踢腳。

　　也就是說，2～3個月大的寶寶也能學習。例如，若寶寶在咿呀兒語或微笑時，接下來會得到媽媽的口頭稱讚或一起笑的有趣結果，他們會因為記得這樣的因果關係而更常咿呀兒語或微笑。因此，父母的稱讚或反應非常重要。寶寶每次辛苦地抬頭或艱難翻身時，沒有放著不管，而是愉快地予以稱讚的話，即使沒有要求寶寶這麼做，他們也會自己努力的練習。

統合領域：身體與感覺／語言

身體滾一滾

☑ 強化大肌群、學會翻身、培養平衡感
☑ 搭配遊戲頻繁使用狀聲詞，形成語言刺激

這是利用毯子幫寶寶做翻身練習的遊戲。一開始要翻身可能很困難，若是能利用毯子，就比較容易成功。

● 準備物品
毯子

● 遊戲方法

1. 讓寶寶平躺在毯子的某一側。
「圓圓，想不想玩骨碌骨碌滾一滾啊？」
「媽媽要來幫圓圓翻身囉！」

2. 緩緩拉起毯子前側，滾動寶寶的身體。
「骨碌骨碌 ── 地滾起來了。」

3. 寶寶翻身後，媽媽要幫忙調整手臂位置。
「成功翻身了耶！要不要再玩一次？」

探索自己的身體 ⑯ 身體滾一滾

4. 讓寶寶一直滾到毯子底端。

　　「骨碌骨碌 —— 滾到毯子最後面了。哇，好棒。」

● 遊戲效果

★ 有助於強化寶寶身體大肌群、學會翻身。

★ 因身體方向出現變化，能給予新的平衡感與視覺經驗。

★ 頻繁使用「骨碌骨碌」等狀聲詞，形成語言刺激。

● 培養寶寶潛能的祕訣與應用

　　記得從左到右、從右到左變換不同方向來滾動寶寶。寶寶換尿布時，或每次抱起寶寶時，都適合做滾動練習。若是在滾動時，寶寶主動把頭抬起，則可強化背部肌肉。

幼兒發展淺談　**翻身**

　　從2個月後，寶寶會自己開始練習翻身。有時候，甚至汗流浹背地猛力練習。翻身是寶寶運動發展中非常重要的里程碑，不僅是運動發展中能自由活動姿勢的第一個階段，對後來提筆寫字之類的手部肌肉發展也很重要，且能促進負責身體左右兩邊運作協調的腦部發育。需要謹記的是，寶寶會翻身後，把他單獨放在有高度的床鋪是很危險的。我就曾因為大兒子翻身時掉下床而跑急診室，回想起來還是一身冷汗。寶寶能夠活動後，任何考量皆應以安全為第一優先。

統合領域：身體與感覺／人際社會與情緒

翻身練習

☑頸部和胸部肌肉發展，同時做抬頭提肩練習
☑寶寶會因為翻身成功而體驗到高度成就感

與〈身體滾一滾〉一樣，這個遊戲也是協助寶寶練習翻身的活動。先熟悉〈身體滾一滾〉這個遊戲之後，再來試試看這個翻身練習。

● 準備物品
搖鈴或能吸引寶寶注意力的玩具

搖鈴

● 遊戲方法

1. 讓寶寶側躺，背後墊著毯子或枕頭，或大人用手支撐。
   「圓圓，側躺來做翻身練習，好不好？」

2. 在寶寶的面前晃動搖鈴或玩具。
   「圓圓，看這裡，這是什麼東西呢？」
   「圓圓，看這邊，快轉過來看這邊！」

3. 寶寶會為了抓到玩具，會將置於上側的腿交叉朝身體的前側落地，這能幫助他慢慢地學會翻身。
   「圓圓，試試看把腿這樣往前放下來。對，就是這樣。圓圓抓到搖鈴了耶。好棒！來玩搖鈴了。」

● 遊戲效果

★ 有助於寶寶的頸部肌肉和胸部肌肉發展。

★ 有助於寶寶做抬頭提肩的練習。

★ 翻身成功的話,寶寶會體驗到高度成就感。

● 培養寶寶潛能的祕訣與應用

　　可使用鏡子或書取代玩具來吸引寶寶的興趣。媽媽不妨試試一起趴下來,然後呼喚寶寶的名字,寶寶會因為想看見媽媽而試著翻身。

　　寶寶往前翻身做得很好之後,可以嘗試在寶寶後方搖鈴或發出聲音,這時在側臥狀態下的寶寶,會因為被聲音吸引或為了看到搖鈴而試著往後翻身。

幼兒發展淺談　協助寶寶翻身的方法

　　寶寶平均在2～5個月時，就能從背部著地平躺的狀態，翻身至肚子著地的趴姿。在4～5.5個月時，能從背部著地的平躺狀態，翻身至身體側臥的狀態。而且在5.5～7.5個月左右，能從肚子著地的俯臥狀態成功翻身。

　　雖然每個寶寶的翻身發展時期各有不同，但在寶寶真正學會翻身之前，大人經常性協助寶寶滾動和側躺，對於他們的翻身發展有所助益。

　　當寶寶能舒適地維持肚子著地的俯臥姿勢、抬起胸口後，可以轉身至側臥姿勢，意即可以開始練習翻身了。雖然寶寶要靠自己的力量翻身成功可能需要數週的時間，但當他能將自己的身體重量轉移至側臥姿勢，已經是相當了不起的一件事了。尤其，翻身的困難之處在於必須移轉身體的重量，有時候，寶寶在俯臥姿勢下看似不知道該怎麼做時，大人可以緩緩地將寶寶向右邊或左邊推，協助寶寶去領會「如何轉移身體的重量」。

統合領域：身體與感覺／語言／人際社會與情緒

坐飛機！飛高高！

☑ 發展平衡感，強化背部和肩部肌肉
☑ 提供寶寶有別於平躺時的視覺刺激

這是讓寶寶像飛機一樣在空中飛翔的遊戲，有助於擴展寶寶的視角，看見更多更為多元的人事物。

● 準備物品
毯子

● 遊戲方法

1. 鋪好毯子後，媽媽面朝上平躺。

   「壯壯，我們來坐飛機。媽媽帶你坐飛機。」

2. 媽媽屈膝，把寶寶放在小腿上，用手抓住寶寶。

   「壯壯坐上媽媽飛機了。媽媽飛機準備就緒。」

3. 媽媽向上向下伸展雙腿，提升寶寶高度。可以搭配唱著「造飛機，造飛機，飛到青草地……」的兒歌。

   「媽媽飛機出發。咻嗚 —— 咻嗚 —— 」

   「造飛機，造飛機，飛到青草地……。飛高高，我們坐飛機。」

4. 腿向下彎曲，先把寶寶放下來。

「咻 ── 到了。飛機下降。坐飛機真的很有趣吧？」

5. 媽媽重複屈腿和伸腿的，也可以向左向右晃動。

「還想搭飛機去哪裡？去美國嗎？去英國嗎？」

「媽媽飛機又要起飛囉！」

● **遊戲效果**

★ 發展寶寶的平衡感。強化背部和肩部的肌肉。

★ 提供不同於平躺所見的視覺刺激，讓寶寶可以從不同的視角
觀看周圍的事物和媽媽。

★ 多聽兒歌和新的字詞，可以形成語言刺激。

● **培養寶寶潛能的祕訣與應用**

為避免發生嬰兒搖晃症候群（Shaken Baby Syndro-me），
切勿過度搖晃或拋擲寶寶。提供寶寶在空中可以抓拿的床鈴或
玩具，寶寶會試著在空中抬頭或提肩。在寶寶貼附小腿的狀態
下，媽媽屈膝踩穩地面，反覆地提高、放低臀部，寶寶也會像
畫拋物線一樣，因上下晃動而覺得有趣。

幼兒發展淺談　從高處看世界

寶寶非常喜歡被高高舉起，因為眼前所見的世界與躺著
或趴著所看到的世界有很大的差別。此外，把寶寶背在胸前
或背後，也能提供類似的視覺新體驗。

統合領域：身體與感覺／語言／人際社會與情緒

空中腳踏車

☑強化寶寶腿部肌肉，練習之後走路所需動作
☑增加互相對視機會，強化親子間的感情紐帶

這是有助於寶寶腿部肌肉發展的遊戲。

● 準備物品
　毯子

● 遊戲方法

1. 讓寶寶平躺在毯子上。
　「壯壯，來騎腳踏車吧。真的很好玩唷。」

2. 媽媽用左手輕抓寶寶右腿，右手輕抓寶寶左腿。
　「媽媽用右手抓著壯壯左腳，用左手抓著壯壯右腳。」

3. 將寶寶的雙腿輪流向上提，像在空中騎腳踏車一樣。同時要唱
　歌給寶寶聽。
　「好，準備要騎腳踏車了。1、2、1、2……。三輪車，跑得
　快，上面坐個老太太，要五毛，給一塊……。」

4. 讓寶寶嘗試自己用腿部出力踩動。
　「壯壯來推推看媽媽的手。1、2、1、2……。」

● 遊戲效果

★ 強化寶寶的腿部肌肉。

★ 右腳、左腳交替踩踏，讓寶寶得以預先練習未來學習走路時的必要動作。

★ 增加寶寶與媽媽互相對視的時間，與聽媽媽唱歌哼歌，可以強化彼此的感情紐帶。

● 培養寶寶潛能的祕訣與應用

　　寶寶的腿亦可以往反方向（向後）踩踏。另外，為了讓寶寶能練習自己活動雙腿，媽媽可以漸漸移除自己的手力。

幼兒發展淺談　減少搖床（搖椅）使用時間

　　寶寶鞦韆、搖床、彈跳健身椅等使用時間以減至最少為佳。讓寶寶發展新的運動技術唯一方法，惟有透過經驗與練習，反覆試誤才可能習得。寶寶愈是舒適安坐或躺在寶寶鞦韆或搖床上，經驗與練習的時間愈是會減少。當然，我不是不知道，對於忙碌的媽媽和照顧者而言，這類裝備何等重要（我過去真也經常把次子放在搖床上躺著）。但是，一定要記得，若是在寶寶醒著的大部分時間裡，都待在這些「方便的」裝備上，將會剝奪他們鍛鍊新運動技術的時間。

統合領域：身體與感覺／人際社會與情緒／語言

毯子盪鞦韆

☑以不同姿勢活動身體，得以強化平衡感
☑發展感知自己身體位置、移動方向的前庭系統

這是讓寶寶在毯子上體驗搖晃感的盪鞦韆遊戲。爸爸和媽媽要一起合作，和寶寶一起進行這個遊戲，有助於父母與寶寶的雙向互動。

● 準備物品
毯子

● 遊戲方法

1. 讓寶寶背部貼在毯子上平躺。
「圓圓，想不想玩有趣的盪鞦韆？」
「好，現在躺在毯子上。」

2. 兩人分別抓緊毯子兩端邊角，向上提舉。
「毯子升起來囉。我們圓圓也升起來了。」

3. 讓毯子像鞦韆一樣，緩緩地向左右搖晃。
「往左邊盪一次，咻！往右邊盪一次，咻！哇，好好玩！」
「再往左邊盪一次，咻！接下來，往右邊盪，咻！」

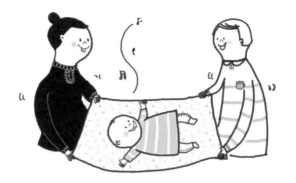

4. 寶寶習慣之後，可以改為一個人坐著，另一個人採站姿，讓毯子可以上下搖晃。

「這次往上面盪，咻！往下面盪，咻！」

「圓圓要盪下來囉，咻！現在要盪上去囉，咻！」

● 遊戲效果

★ 隨著毯子鞦韆的移動，寶寶會以不同於平常的姿勢來活動身體，得以強化他的平衡感。

★ 發展感知自己身體位置、移動方向的前庭系統（編註：前庭系統主要影響人的平衡感和空間感，尤其對運動和平衡能力有關鍵性作用）。

★ 透過與爸爸、媽媽愉快地玩遊戲，強化親子的感情紐帶。

★ 有助於理解上、下、左、右等表達方位的單詞意義。

● 培養寶寶潛能的祕訣與應用

　　在寶寶適應毯子鞦韆的規則晃動後，可以試試看以時快時慢的不規則方式來盪鞦韆。寶寶向上盪的時候，提高聲調喊出「上」字，往下盪的時候則降低聲調喊「下」，變化語音聲調的說話方式，有助於寶寶的語言發展。

幼兒發展淺談　影響平衡感與空間感的前庭系統

　　耳朵內側的內耳前庭是可以感知身體活動的感覺系統之一。前庭感覺包含平衡感，因而能夠對重力和加速度作出反應的感覺。前庭感覺亦與其他感覺連結。首先，它與位於腦幹的網狀結構連結，可在清醒狀態予以影響。例如，若是抱著寶寶以舒緩的節奏搖擺，前庭會傳達降低清醒程度的命令至網狀結構，寶寶隨之漸漸入睡。還有，前庭也與下視丘連結，若是持續不規則的強烈搖晃，就會出現頭痛或想吐之類的暈眩症狀。

統合領域：身體與感覺／語言／人際社會與情緒

念書給寶寶聽

☑ 促進聽力發展，幫助寶寶理解常見單詞含義
☑ 發展能記住「聽到內容」的聽覺記憶能力

透過爸爸、媽媽念書給寶寶聽的遊戲，不僅能夠促進寶寶的聽覺發展，同時有助於寶寶理解簡單的詞語。

● 準備物品
寶寶啃咬或吸吮都無妨、
材質不易撕破的彩色圖畫書或童書

童書

● 遊戲方法
1. 寶寶坐在媽媽膝上，把書打開。
　「壯壯，和媽媽（爸爸）一起來讀這本好玩的書，書名是《三隻小豬》。我們一起來看看裡頭有什麼吧。」

2. 看圖指出事物名稱，或自問自答來吸引寶寶的注意。
　　「這裡有一隻小豬耶。牠在辛苦地蓋房子。」
　　「壯壯有看到小豬嗎？我們來找小豬。哇，找到了。」
　　「小豬的眼睛在哪裡？在這裡。小豬還有大耳朵。」

3. 觀察寶寶喜歡什麼部分，讓寶寶有充分的時間觀看。
　　「壯壯喜歡這朵花呀。這朵花好漂亮。」

● 遊戲效果
★ 頻繁的聽而能夠理解常見單詞的含義。
★ 發展能記憶「聽到內容」的聽覺記憶能力。
★ 與爸爸、媽媽一起共讀，強化感情紐帶。

● 培養寶寶潛能的祕訣與應用
　　此時期的寶寶尚未能理解故事的情節，所以不必過度拘泥這個部分。不過，說故事時要留意寶寶在看什麼、對什麼有興趣，並充分細讀吸引寶寶注意的場景。同一本書可以經常性反覆閱讀。

　　念書時，記得多加入一些狀聲詞與形容詞。若能一邊說故事，一邊搭配與內容相符的動作，有時寶寶會做出反應，好像在預測接下來的故事場景。在入睡之前（或白天小睡清醒之後）的固定時間念書給寶寶聽，養成習慣後，他們會更容易入睡。

幼兒發展淺談　從寶寶躺著時就要念書給他聽的理由

　　根據調查，韓國的媽媽平均從寶寶滿4個月左右，會開始念書給他們聽。有人提問，這個時期的寶寶根本還聽不懂話語，而且專注力時間短暫，難道真的需要從這個時候起，就念書給寶寶聽嗎？

　　其實，每天利用5～10分鐘左右的短暫時間念書給寶寶聽，看起來雖然微不足道，但若能養成習慣，寶寶在5～6個月後，便會發展出大幅差異。像是寶寶會因為聽過的語彙數量大，聽懂的語彙數量會增加。這樣一來，寶寶10個月後、學講話時，所能使用的語彙當然也會變得更多。

　　不僅如此，透過這樣的讀書習慣，12個月以後能夠自行活動且累積相當語彙量的寶寶，會變得喜愛看書。相反的，若嬰兒期未建立讀書習慣或語彙數量低的寶寶，無法坐定看書的情形屢見不鮮。寶寶從會爬會走以後，想要念書給他們聽，可能因為寶寶跑來跑去而沒法子念，所以最好能從「寶寶還躺著」的時期就開始親子共讀。

張博士，請幫幫我！

Q 我是一位媽媽，有個3個多月的男寶寶。不知道該怎麼與孩子玩才好，但想到可以念故事書給他聽。請問：什麼樣的書適合呢？

A 3個月左右的寶寶，雖然已經能區分基本色，但還沒有辦法清楚看到細部，也無法理解故事情節，而且一旦抓到任何東西，就會習慣性地放進嘴裡。因此，此時期適合讀粗線條、色彩鮮豔、表現單純的繪本或童書。一邊教導寶寶事物的名稱，一邊觀察寶寶喜愛什麼樣的圖畫或事物。此外，請給予寶寶充分看圖的時間。更多共讀的方法可以參考〈念書給寶寶聽〉（P.71）。

Q 出生剛超過100天的男寶寶，會喜歡什麼樣的玩具呢？這時期的男寶寶應該玩些什麼東西，才能有助於他的均衡發展？

A 出生100天的寶寶已經能夠抬頭、翻身、伸臂抓東西、扔擲和敲打玩具。但抓到任何東西，還是立刻往嘴裡送。由於仍是在躺著的時期，以平躺或俯臥時能夠用手拿著把玩的玩具為佳。像是會發出聲音的搖鈴，或會播放歌謠的玩具，皆有吸引寶寶注意的良好效果，也有助於寶寶在俯臥抬頭時伸手抓拿物品的動作。寶寶健力架集合了形形色色的玩具，讓他躺著玩也能專注一段時間。針對語言發展，童書亦可提供莫大助益。不過，別忘了此一時期的最佳玩具，正是寶寶的爸爸和媽媽。這是因為爸爸、媽媽能夠對寶寶的反應做出適切回應，不僅有豐富多變的臉部表情，同時還能提供聽覺刺激。這個時期除了〈幫寶寶按摩〉（P.20）、〈寶寶做體操〉（P.30）等遊戲，還有許多爸爸、媽媽可以共同參與的〈坐飛機！飛高高！〉（P.64）、〈毯子盪鞦韆〉（P.68）等有趣遊戲，請陪同孩子一起玩耍。

Q 陪同3個月大的寶寶玩耍時，說什麼話比較好？希望是能夠鼓勵寶寶的話語。

A 雖然3個月左右的寶寶還無法理解語彙意義，但多聽話語是好的。寶寶必須多聽人說話，才能學習文法和促進語言發展。但與什麼都不懂的寶寶該說些什麼，這一點有時真的令人感到彆扭。也不必想得太困難，就算看著寶寶卻無話可說，還是有好方法的。在與寶寶目光對視時，可以訴說心情，或告訴寶寶「媽媽（或爸爸）愛他」。最簡單的是，將寶

寶狀態或周邊環境，一五一十地轉述。「今天開不開心呀？」「爸爸、媽媽好愛好愛你唷！」用愉悅的聲音語調訴說，記得經常叫喚寶寶的名字。說話內容固然重要，但記得要在輕鬆愜意的狀態下，把現有的幸福感如實傳達給寶寶。等6～7個月左右，寶寶會聽懂「媽媽」「爸爸」和自己名字與一些經常聽到的單詞。這時候，寶寶會開始咿呀對答，大人也可以給予回應。更詳細的方法，請參考〈與寶寶對話〉（P.33）。

Q 聽說寶寶一出生就會游泳，這是真的嗎？這樣的話，寶寶從什麼時候起，可以邊游泳邊玩遊戲呢？

A 寶寶一出生，可能已經有在水中閉氣與睜眼的反射動作。還有，在6個月前確實能像游泳一般，在水中擺動手臂和雙腿。儘管如此，並不是表示寶寶一出生就能立刻學習游泳。 要學游泳，首先寶寶必須能夠任意挺起頸部。寶寶還無力挺頸的話，會喝下太多游泳池的水，這對寶寶身體可能會有不良影響。此外，游泳時水溫至少應在攝氏32度以上，所以一般游泳池並不適當。縱觀世界，澳洲是建議滿4～6個月、美國亦建議滿4個月以後，待寶寶能夠挺頸後再教游泳。在部分國家，雖然有的家長會讓寶寶在能挺頸前戴上脖圈游泳，但至少也要等到4～6個月以後、能正常挺頸時，再與爸爸、媽媽一起下水為宜。

Q 買英語遊戲書給2個月大的寶寶，是不是有點太早？
這個產品是以0～6個月、6～12個月、12～18個月、
18～24個月做區分的四個套組。

A 能讓寶寶盡早暴露在兩種語言下，營造學習兩種語言
的雙語環境是好的（如在美國定居的韓國人家庭）。
但在一般家庭環境還是建議讓寶寶先熟悉本國語言，再教他們
英文（或其他語言），這樣效果更佳。最好等熟悉到會運用本
國語言到某種程度後，再提供英語遊戲書。此外，實際上要
練習英文，光是讓寶寶聽英語CD（或有聲書）是不足的。大
人不必過於擔心自己英語非母語的發音，只要多在日常生活中
實際使用書和遊戲中出現的單詞，寶寶就能愈來愈熟悉。

影響孩子行為的天生氣質

　　若是劇烈搖晃數個床鈴或把音樂調大聲時，有的寶寶會很興奮開心，但有的寶寶會哭泣或閉上眼睛來避開刺激。有的孩子凡事小心翼翼，不會輕易接近陌生的場所或事物，但有的孩子則充滿好奇心，面對初次見到的事物一定要伸手摸摸看。不僅兄弟姐妹之間，就算是雙胞胎，彼此的行為或情緒也互不相同，這就是所謂的「氣質」。氣質有一部分是與生俱來，即使年齡增長也不容易變化。基於這項理由，父母必須掌握每個孩子的天生氣質，為寶寶搭配適切的遊戲型態。

：了解寶寶的天生氣質

　　氣質沒有好壞之分。重要的是，父母必須掌握寶寶的氣質，養育時予以適性調和。例如，只要有一點點變化就會敏感而出現不適反應的寶寶，在給予新玩具、新食物或帶他到新地方的時候，必須放慢進度，要比對待其他氣質的寶寶更有耐心才行。

　　透過〈寶寶氣質簡易檢核表〉，可以更加了解構成寶寶氣質的細部面向。

| 寶寶氣質簡易檢核表 |

敏感性	寶寶對於感覺刺激的反應程度。寶寶對觸感、味道、噪音、氣味反應不大（低）？或容易受外界影響而哭泣或感到傷心（高）？ 低　1 ———— 2 ———— 3 ———— 4 ———— 5　高
活動性	寶寶喜歡積極動態活動的程度。寶寶喜歡高動態性的活動（高）？或對於安靜舒緩的靜態活動較有興趣（低）？ 低　1 ———— 2 ———— 3 ———— 4 ———— 5　高
反應強度	寶寶會大聲且戲劇性方式來做個人反應的程度。寶寶的反應是否強烈誇大（高）？或安靜而小心翼翼（低）？ 低　1 ———— 2 ———— 3 ———— 4 ———— 5　高
規律性	預測寶寶吃飯、睡覺、排便等一日作息的可能程度。寶寶日常作息是否好預測（高）？或預測困難（低）？ 低　1 ———— 2 ———— 3 ———— 4 ———— 5　高
不怕生程度	面對新狀況、新事物或陌生人不加遲疑就接近的程度。寶寶會立刻接近陌生人或新玩具（高）？或有所遲疑（低）？ 低　1 ———— 2 ———— 3 ———— 4 ———— 5　高
適應性	對於出乎意料之變化或變動的適應程度。寶寶是否有接受變化的彈性（高）？或需要較長的適應時間（低）？ 低　1 ———— 2 ———— 3 ———— 4 ———— 5　高
持續性	執著於一項課題的程度。寶寶可否持續某件事直至完全結束（高）？或容易感到挫折、一遇困難或覺得厭煩就放棄（低）？ 低　1 ———— 2 ———— 3 ———— 4 ———— 5　高
散漫性	受周邊環境、噪音、刺激而容易轉移注意力的程度。寶寶進行活動時，由於其他刺激而分散注意力（高）？或專注在進行手邊的事情（低）？ 低　1 ———— 2 ———— 3 ———— 4 ———— 5　高
正面情緒	大體上情緒的正面和愉悅程度。寶寶傾向專注在正向的事情上（高）？或專注在負面的事情上（低）？ 低　1 ———— 2 ———— 3 ———— 4 ———— 5　高

：氣質不同，養育方法也不一樣

小敏是適應性低的敏感寶寶。只要些許變動，就會難以入睡，夜間經常幾個小時持續哭泣。為了哄她入睡，媽媽用盡一切辦法。有時把小敏抱在懷裡輕搖，有時帶她出門散步、盪寶寶鞦韆，有時讓她聽音樂。但是小敏仍然哭泣不已。

為了安撫小敏，媽媽使出了渾身解數，但她的養育方法並不適合小敏的氣質。像小敏這樣敏感而適應性低的寶寶，使用多種不同方法只會讓她覺得更難受。原因在於媽媽為了安撫小敏而使用多種方法，反而增添小敏需要適應的變化事物。對於適應性低的小敏來說，更重要的是，盡可能減少刺激和建立規律的日常作息。例如，最好能安排規律的作息，每天在固定時間喝牛奶、玩遊戲和睡覺。小敏哭鬧的時候，最好使用柔和歌謠或輕輕搖晃的靜態方式安撫。

就像這樣，寶寶的氣質不同，養育方法也不會一樣。遊戲方法亦可按照氣質特性而略有不同。至於，遊戲又該如何依循寶寶氣質作不同的調整呢？

：依循寶寶氣質的遊戲方法

▶敏感性高的寶寶

他們對於細小聲音、光線、觸感、移動的反應特別大。對於這樣的寶寶，最好不要給予太多的玩具或噪音、色彩等強烈刺激，否則可能會對寶寶造成過度影響。

▶活動性高的寶寶

　　這類型的寶寶的特徵是，他們一刻都靜不下來。相較於同齡的孩子，他們的運動發展快速，通常比較早學會翻身、爬、走等。比起安靜趴著坐著、用手觸摸或探索事物的遊戲，他們更喜歡活動性高的大肌肉遊戲。活動性高的寶寶發生事故的機率也高，因此，周邊的危險物品應徹底清除，並須特別費心把關安全問題。還有，要特意提供寶寶能坐下來活動雙手的小肌肉遊戲，在幫他們換尿布或必須安靜躺下的時候，可以給他們特別的玩具。

▶反應強度高的寶寶

　　這類寶寶一哭就是放聲大哭，而且不容易哄慰。父母遇到寶寶哭，經常是第一時間跑去安撫。但是，為了矯正寶寶持續耍賴哭鬧的習慣，應盡可能在寶寶哭的時候沉著靜默以對。還有，在寶寶耍賴哭鬧的時候，不是非得抱哄寶寶或做出反應，應有耐心予以一貫嚴謹的反應。

▶規律性低的寶寶

　　他們是時不時睡覺或吃飯、生活作息不規律的寶寶。規律性低的寶寶，應讓他們養成規律作息，每天在相同時間吃飯、睡覺、玩遊戲等。例如，建立一套固定模式，每日在睡前梳洗、唱歌或念書給寶寶聽等。

▶適應性低的寶寶

他們在適應新場所、新食物、陌生人等環境變化時需要時間。對於這個類型的寶寶，必須給予適應變化的時間與耐心。還有，在回應他們的時候必須具有一貫性，並允許寶寶多次重複經驗。

▶迴避型（怕生）的寶寶

這種氣質的寶寶與適應性低的寶寶一樣，對於新活動、場所、玩具或陌生人會反抗。例如，有的寶寶只要看到樓梯，就會哭著舉起雙臂要人抱。相反地，接近型（不怕生）和活動性高的寶寶只要稍不注意，一轉眼就爬上沙發或從椅子爬到書桌上。由於迴避型的寶寶會以這樣的方式躲避學習新技術，運動發展可能較為遲緩。對於這樣的寶寶，適合在他們心情好的時候，徐徐地遞上新玩具或讓他們練習新技術。

▶持續性低的寶寶

他們是面對挫折耐受性低的寶寶。這些寶寶在媽媽放下後會立刻哭，很難與媽媽分離，無法自己好好玩耍，留他一人的話，就會哇哇大哭。這些寶寶不願意獨自一人忍受挫折，而是選擇利用媽媽。因此，睡覺或玩耍時，總得待在媽媽的身旁。面對這些寶寶，每天必須給他們一些獨自玩耍的時間，幫助他們增強挫折耐受性。

Chapter 2

專為 **5~8** 個月孩子設計的
潛能開發統合遊戲

張開好奇的雙眼

透過對眼前世界的好奇，
發展感覺、累積經驗的時期。

. . .

原本只能躺著的寶寶，這階段開始重大變化。他們會翻身會爬行，時而坐立觀看一切，對於外在世界更感興趣。晃動搖鈴發出聲音時，還有使勁敲打湯匙時，寶寶都玩得很開心。他們能夠準確地伸手抓住東西，像是自己手抓蘋果片來吃。寶寶正對自身活動所導致的結果感到雀躍欣喜。

身體與感覺領域的發展特徵

寶寶可以自己翻身、坐立、扶站、爬行。在前一個階段，他們的身體活動主要是根據反射動作。這階段起，他們能夠按照自己的意志控制身體。寶寶會抬頭後，就能利用手臂來撐起胸部，他們正在強化上身，為坐立做準備。此外，寶寶會有一段時間出現用肚子推地的動作，這是要翻身爬行的必經階段。

張開好奇的雙眼：透過對眼前世界的好奇，發展感覺、累積經驗的時期。

這時期寶寶正在發展手眼協調能力，看到東西能伸手準確地抓拿。他們手上有東西，還是會往嘴裡放。把東西放入口中，是寶寶探索世界的方法，父母必須注意他們誤食危險物品。以手抓物時，一開始是同時使用手指與手掌，但漸漸會使用大拇指與其他四指來抓拿較小的東西。這時寶寶手力與臂力增強，能抓拿東西就口吸吮、把東西從一隻手傳到另一隻手，會敲打、扔擲、搖晃某物品。

認知領域的發展特徵

這個時期的寶寶會從廚房搬出鍋碗瓢盆、相互敲打，或堆疊，且專注其中地玩著。偶然聽到敲打湯匙或湯匙落地的聲音，會感到興奮，因為他們發現有身體以外的好玩東西，所以會想持續地重複地玩著。由於物體恆存概念的發展，他們已經能夠找到部分遮蔽的玩具，但找完全隱蔽的玩具，仍會失敗。

人際社會與情緒領域的發展特徵

寶寶與爸媽間形成強烈依附，尤其在與媽媽分離時會開始感到不安。也懂得區分初次見面者與親近的人，看見陌生人時會開始認生，感到害怕。若是寶寶認生，就別執意接近，必須給寶寶時間，直到他們不安的情緒獲得緩和。

語言領域的發展特徵

寶寶肚子餓或疲倦時，不是單純哭泣，而會用各種身體姿勢來表達意思。他們覺得從嘴脣或喉嚨發出的各種聲音很有趣，會像說話一般以咿呀兒語與人交談。

● 5至8個月的發展檢核表

以下是5～8個月寶寶的平均情形。每個孩子發展進度不同，可能稍快或稍慢。父母可以觀察下述活動的出現時機，透過遊戲促進相關發展。

月齡	活動	日期	觀察內容
5個月	翻身		
	伸手抓拿物品		
	把玩具朝地面或桌子啪啪敲打		
	扔擲玩具		
	揉紙或撕紙		
	拉扯物品而使物品掉下		
	嘗試愉快的活動		
	看到陌生人會不安		
	聽到媽媽、爸爸、bye bye等熟悉的單詞時會表現出關注		

6個月	會躺著抓腳丫、吃腳丫		
	不用其他支撐而能自己坐著		
	開始向前爬行		
	像鉤子一樣展開手掌抓拿物品		
	用雙手包握物品		
	用手或手指按壓物品表面		
	開始嘟嘴發出噗噗聲		
	用身體姿勢或觸摸大人身體來表示請求		
	對於與媽媽（或主要照顧者）分離感到不安		
7個月	扶物站著		
	兩手同時抓著積木		
	能做到手與膝撐地爬行的姿勢		
	能夠找到部分遮蔽的物體		
	高興玩著從喉嚨或嘴脣發出的各種聲音		
8個月	扶物自行站立		
	自行坐著		
	用大拇指和其他手指一起抓拿物品		
	手拿兩物體敲撞		
	聽到音樂會隨拍子有身體或手的動作		
	理解與身體動作相關的簡單動詞（給媽媽、來這裡、揹揹等）		
	寶寶主動與媽媽玩常玩的遊戲（捂臉、拍拍手等）		

統合領域：身體與感覺／人際社會與情緒

來玩球！

☑ 為了抓到球，逐漸學習或練習由坐轉爬
☑ 發展視覺追蹤與預測球會往哪裡滾等能力

「球」是寶寶最喜歡且可以玩最久的玩具之一。雖然這階段要抓球或丟球還很困難，但已能開心拍球和追球了。

● 準備物品
網球、布球或沙灘球

● 遊戲方法

1. 讓寶寶安穩坐在地上，媽媽與他面對面坐著。
   「壯壯，想不想和媽媽玩球？這遊戲很有趣，注意看喔！」

2. 當寶寶注意力集中在媽媽身上時，把球拿給寶寶看。
   「來，這裡有一顆球。看這裡喔，一顆圓滾滾的球！」

3. 接下來，在寶寶面前緩緩地滾球。
   「媽媽要滾球喔。咕嚕咕嚕滾！滾到壯壯前面了。」
   「壯壯把球抓住，再把球滾到媽媽這邊來。」

4. 寶寶拍到球之後，拿起球重新向寶寶的方向滾。

　「啊，壯壯拍到球了，好棒。媽媽再傳一次球給你，要接住喔！哇，球滾到壯壯那邊去了。」

5. 在寶寶熟悉送球、接球的遊戲模式之後，這次嘗試把球滾到寶寶必須移動身體才能抓（摸）到球的地方。

　「這一次，滾遠一點試看看？來，壯壯選手！別只待著不動喔，要移過去抓球。」

6. 寶寶爬去止住滾球或抓球的話，給予口頭稱讚。

　「哇！壯壯爬去抓到球了耶。真的好厲害（鼓掌）。」

● 遊戲效果

★ 寶寶學到擋住移動中的物體，就能讓它靜止。

★ 為了抓到球，進而有學習及練習由坐轉爬的機會。

★ 因為用手抓球，讓手部肌肉獲得發展。

★ 看著球移動與預測球往哪裡滾的能力獲得發展。

★ 在與人相互傳球、接球的遊戲過程中，逐漸理解他人的心思和一同遊戲時的社會性能獲得發展。

● 培養寶寶潛能的祕訣與應用

　　重要的是，使用的球應適合寶寶的發展水平。如果球太小而難以抓拿，或容易彈跳而使滾動方向難以預測，則適合寶寶大一點再使用。

　　8個月左右的寶寶，看到球滾到桌子底下，可以預期球會從另一邊滾出來而看往另一側。

幼兒發展淺談　邊玩遊戲，邊理解物理學法則

　　研究學者貝雅宗（Ren　e Baillargeon）以寶寶為對象，從所謂習慣化的特別程序中，得知3～4個月的寶寶對於物理世界已經有諸多理解：

★當物品被其他物體遮蔽時，即使看不見，物品仍持續存在（物體恆存概念）。

★物體沒有支撐會往下掉（萬有引力）。

★物體移動多半會沿著連續的路徑（物體位移規則）。

★碰到障礙物的時候，物品或人都無法直接穿透過去（物體位移規則）。

　　雖然這些知識從很早期就會表現出來，可以算是與生俱有的能力，但玩球遊戲或物體掉落之類的實際經驗仍然非常重要。

統合領域：身體與感覺／認知

敲敲打打

☑ **透過不同聲音經驗，發展對聲音的辨識力**
☑ **重複同一動作，發展出預測結果的認知力**

寶寶會用兩手抓東西的時候，自然會開始敲敲打打，這是一個讓寶寶可以玩得盡興的遊戲，同時也是有助小肌肉發展的練習。

● **準備物品**
搖鈴、木勺、湯匙、塑膠罐、空奶粉罐、不鏽鋼鍋、鍋蓋等不怕敲打的物品或玩具

● **遊戲方法**

1. 把能夠弄出聲音的東西，擺放在寶寶的身旁。
「圓圓啊！這是鍋子，這是木勺，這是湯匙……。」
「我們今天一起來打鼓，好不好啊？」

2. 將鍋子的底部朝上放好，大人先用木勺或湯匙敲打鍋子，示範給寶寶看。

「用木勺敲打鍋子，就會發出哐哐哐的聲音。」

3. 如果寶寶看起來很有興趣，把木勺拿給寶寶試試看。

「換圓圓來試試看。好，握住木勺敲敲看。哇，好棒。」

4. 讓寶寶用木勺敲敲看塑膠罐（或別的物品）。

「來，我們換敲敲看塑膠罐，聽聽會發出什麼樣的聲音？咦，是發出叩叩叩的聲音耶！」

● 遊戲效果

★ 敲打東西而發出聲音使因果關係理解力獲得發展。

★ 透過不同的聲音經驗，加強對聲音的辨別力。

★ 重複同一動作，使預測結果的認知力獲得發展。

★ 有助於寶寶小肌肉的發展。

● 培養寶寶潛能的祕訣與應用

敲敲打打時，如果媽媽輔以語言表達，簡單的說明，寶寶再辨別聲音會更為容易。有時，也可以讓寶寶試試看用手拿著兩個東西相互碰撞。如果邊放音樂或邊唱歌，寶寶搭配著節奏敲打，也能成為很棒的演奏家。媽媽與寶寶可以試著一起敲敲打打或互敲。敲打的聲音太吵時，可以握住寶寶雙手，改玩拍拍手的遊戲。

幼兒發展淺談　為什麼寶寶喜歡敲敲打打的遊戲？

　　這個時期的寶寶會不斷重複敲敲打打和丟落東西的動作。這類探索行為未來將成為邏輯思考的基礎資料。

　　雖然寶寶的探索行為始於觀看和吸吮，幾乎同一時期也會有「搖晃」的動作。3個月的寶寶會一邊晃動搖鈴，一邊感受搖鈴重量及享受搖鈴的聲音。4個月以後，當他們能夠伸手觸摸物品，就可能會有敲打、拉扯、扔擲等更積極的探索行為。寶寶藉著敲打玩具或湯匙來探索重量、強度，還有所產生的聲音。等到能以雙手握舉東西的時候，就會理解體積和大小。5個月左右，超過70%的寶寶會透過拉扯來了解硬度與材質。此外，玩球時也會學習到物體的彈性。這個時期的寶寶最喜歡丟落東西。

　　至於扔擲的動作，由於需要肌肉的調節，比丟落東西更為困難。寶寶透過扔擲，可以學習到隨著物體屬性、扔擲角度和力道不同，飛行距離和位移軌道也會不同。

統合領域：身體與感覺／認知／人際社會與情緒／語言

撕紙

☑ 體驗紙張的多樣觸感。發展手眼協調力
☑ 體驗撕開不同種類紙張時的各種聲音

簡單的撕紙動作，可以給寶寶帶來很棒的視覺和聽覺娛樂。

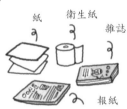

● 準備物品
　各式各樣的紙張

● 遊戲方法

1. 寶寶在看的時候，媽媽拿起紙張，唰唰唰地撕紙給寶寶看。

　「壯壯，媽媽撕紙給你看。真的很好玩。」

2. 把撕開的碎紙丟到垃圾桶，再試試看撕其他種類的紙張（記得邊撕邊搭配誇張的音效）。

　「撕包裝紙會唰唰唰 ── ，丟到垃圾桶。撕報紙就是簌簌簌 ── 。」

3. 拿雜誌或傳單等其他紙張給寶寶撕撕看。

　「來，換壯壯來試試看。唰唰唰 ── ，趕快撕撕看。」

● 遊戲效果

★ 發展寶寶的手眼協調能力。

★ 透過遊戲來體驗各種紙張的不同觸感。

★ 體驗撕開不同種類紙張時發出的不同聲音。

● 培養寶寶潛能的祕訣與應用

在準備各種材質的紙張時,請務必準備寶寶可以放入口中的乾淨紙張。

幼兒發展淺談　爸爸和寶寶玩身體遊戲的好處

根據調查,在寶寶12個月和24個月時,各有24%和25.7%的爸爸「幾乎每天」與寶寶玩身體遊戲。反之,「完全不玩」的爸爸占0至3%。可見大部分爸爸會在不同程度與頻率上與寶寶玩身體遊戲。與爸爸玩身體遊戲,在寶寶情緒和社會性的發展上,扮演很重要的角色,寶寶會學習調節自身情感和行動的方法。即使寶寶是與爸爸玩著粗動作身體搏鬥遊戲,也會學習到控制攻擊性衝動和危險身體接觸的方法,及解讀對方情感的方法。這裡有一項有趣的事實,在與2歲以上寶寶玩粗動作的身體遊戲時,爸爸應保有主導權和控制權,這對於寶寶攻擊性調節有著重要作用。例如,在粗動作身體搏鬥遊戲裡,若爸爸沒有掌控遊戲,任由寶寶來主導時(即寶寶試圖攻擊爸爸或出手打爸爸的情形),遊戲玩得愈多,寶寶攻擊性會隨著升高。

統合領域：身體與感覺／認知／人際社會與情緒／語言

你丟我撿

☑ 發展手眼協調能力，小肌肉運動能力
☑ 經驗到物體無支撐就會掉落地上的重力法則

這個時期的寶寶經常做此一活動。他們會坐在幼兒專用椅上，把湯匙或杯子丟落地上，幫他們撿回又再丟下去，反反覆覆，卻玩得很起勁。

● 準備物品
各種顏色、不同大小的積木、搖鈴等玩具

積木

搖鈴

小玩偶

絲帶

● 遊戲方法

1. 讓寶寶坐在幼兒專用椅上。
　「壯壯坐在椅子上，來玩個有趣的遊戲，好不好？」

2. 準備多種顏色、不同大小的積木。
　「壯壯，積木的顏色好漂亮。有紅色、黃色、藍色……。」

3. 在寶寶視線所及的前方，丟落一塊積木到地上給寶寶看。
　「來，媽媽把這塊積木丟下去。注意看，一、二、三！」

4. 積木掉落時，讓寶寶注意聽發出什麼樣的聲音。

　　「哐！有聲音耶。發出『哐』的聲音耶。」

5. 拿積木給寶寶，讓寶寶試著自己丟落積木。

　　「這次，換壯壯來試試看丟積木。」

6. 拿給寶寶顏色大小不同的積木或其他玩具，讓他丟落地上。向
　　寶寶說明掉落時的聲音和形態有何不同。

　　「搖鈴掉到地上發出『咚』，還會『咕嚕咕嚕』滾動。」

● 遊戲效果

★ 不同東西掉落產生不同聲音，
　發展聽覺辨別能力。

★ 重複丟落的動作而認識到原因
　與結果間的關係。

★ 發展寶寶手部與眼睛的協調能
　力。

★ 發展寶寶小肌肉運動的能力。

★ 可以經驗到物體無支撐就會向
　下掉落的重力法則。

● 培養寶寶潛能的祕訣與應用

　　為了能夠培養寶寶多方注意物體掉落所發出的聲音、掉
落位置、掉落形態等，請以大量的狀聲詞和形容詞向寶寶加
以說明。亦可將塑膠或不銹鋼碗放置在地上，讓物品可以掉
在裡頭。為了降低東西落地的音量，可以改以布玩偶或輕質
的球做道具。寶寶在9個月以後就能靈活地用手抓球、放球，
這時可以把碗放得更遠一些，讓他們玩扔擲遊戲。

幼兒發展淺談　小肌肉發展的順序

　　根據研究，寶寶的小肌肉平均按照以下順序發展。約有
70%以上的寶寶能在各個時期，做到各個動作。

　　★ 手握搖鈴：2～3個月

　　★ 雙手合掌：2～3個月

　　★ 伸出手臂抓拿物體：4～5個月

　　★ 以彎鉤一樣的手勢拿取葡萄乾：5～6個月

　　★ 兩手同時握拿積木：9～10個月

　　★ 利用大拇指和其他手指抓拿物體：9～10個月

　　★ 兩手持球互敲：9～10個月

　　★ 把積木放入杯子：10～11個月

　　★ 握筆任意畫畫：12～13個月

　　★ 把兩塊積木疊成塔：15～16個月

統合領域：身體與感覺／語言

運用左手和右手

☑練習握拿和放置物品，有助於小肌肉發展
☑增進雙手運能用力，有助於爬行和走路發展

寶寶能夠自行坐立或在支撐下坐著後，雙手使用變得更為容易。這個遊戲有助於寶寶學習輪流或同時使用雙手。

● 準備物品
體積大小是寶寶單手能夠握拿的小玩具

塑膠鑰匙串

搖鈴

布玩偶

● 遊戲方法

1. 讓寶寶坐好，手晃搖鈴給寶寶看。
   「壯壯，看這裡。噹啷，噹啷，這有個搖鈴。」

2. 讓寶寶自己抓搖鈴玩一陣子。
   「壯壯像這樣搖搖看。哇，好厲害。」

3. 在寶寶抓著搖鈴的手前方，伸手遞予鑰匙串。寶寶直接丟下搖鈴的話，引導他用另一隻手抓握搖鈴。
   「這次是什麼玩具？哇，是鑰匙串。壯壯，來拿拿看鑰匙。」
   「壯壯的搖鈴掉了！媽媽再拿給你，用這隻手握搖鈴。」

100

4. 讓寶寶把搖鈴挪到另一隻手，再以空手抓拿鑰匙串。

　　「好，來！用右手拿搖鈴，用左手來拿鑰匙。」

5. 寶寶兩手各握著不同的玩具，觀察他可以拿多長的時間，協助
　　寶寶盡可能地握得久一點。

　　「就是這樣，壯壯把兩個玩具拿好，別掉下來了。看看可以拿
　　多久。一、二、三、四……，真的好厲害。」

● 遊戲效果

★ 輪流使用雙手、同時拿著玩具，皆有助於小肌肉發展。

★ 讓寶寶頻繁地練習握拿和放置物品。

★ 雙手使用的發展有助於未來爬行和走路的發展。

★ 有助於理解左手、右手等單詞的意義。

● 培養寶寶潛能的祕訣與應用

　　讓寶寶背部貼地平躺、肚子著地俯臥、坐在大人膝上或
獨自坐著，練習在各種姿勢下都能使用雙手。寶寶會輪流使
用雙手拿玩具，或兩手能同時拿著玩具時，應多給予稱讚。

　　在寶寶獨自玩耍、換尿布或洗澡時，給他能夠用手抓握
的玩具，讓寶寶有充分用手觸摸及抓拿的經驗。在點心時
間，讓寶寶自己用手拿小葡萄乾、小饅頭等體積小的食物，
同樣有所助益。

幼兒發展淺談　回應寶寶的咿呀兒語，可促進語言發展

　　目前一般學者仍認為「咿呀兒語是先天就會的」，全世界任何國家的寶寶在相同時期會發出類似的聲音，並非受父母影響而做的反應或回饋。但根據近期的研究，寶寶在咿呀兒語時，父母若是給予持續性的回應，可以促進寶寶的發聲練習和語言學習。

　　愛荷華大學的葛羅露易絲（Julie Gros-Louis）教授團隊針對8〜12個月大的寶寶，就他們自由玩耍的情形，進行為期6個月的觀察。當寶寶向大人咿咿呀呀或咕哩咕嚕發出聲音時，特別觀察大人如何反應。結果顯示，若大人認為寶寶咿呀兒語是在說話而有所回應，寶寶不只咿呀兒語的情形會增加，兒語也會愈趨成熟，聽起來像是說話一般。相反地，若是大人未特別費心去回應，反而把寶寶的注意力轉往其他方面時，寶寶的語言和溝通技術則沒有什麼發展。也就是說，若大人努力想要理解寶寶兒語，寶寶會知道自己具備可以溝通的潛能，因此，會為了溝通而更加努力。不僅如此，在研究結束1個月後調查，大人對於寶寶的咿呀兒語努力給予回應者，寶寶在滿15個月的時候，將能說出較多的單詞或做更多的身體動作。

統合領域：人際社會與情緒／認知

蹭鼻子

☑ 讓寶寶學著透過經驗來預測後續可能的結果
☑ 藉由遊戲時對話，接觸高低音調的說話方式

這是在媽媽與寶寶面對面的反覆遊戲過程中，讓寶寶因為預測到下一個動作而感到愉快的遊戲。

● 準備物品
　無

● 遊戲方法

1. 讓寶寶坐在膝上，與他面對面互視。
　「壯壯和媽媽這樣面對面坐好，面對面看著對方。」

2. 媽媽看著寶寶的臉，發出「噗 ── 」，接著把臉靠向寶寶。
　「（媽媽頭靠近寶寶的同時）噗 ── ！」

3. 再重複一次同樣的動作。
　「（媽媽頭靠近寶寶的同時）噗 ── ！」

4. 再重複一次。這一次發出「噗 ── 」要稍微大聲一點，臉靠近寶寶之後，用鼻子磨蹭寶寶的鼻子。

「（媽媽頭先靠近寶寶）噗 ── （再蹭寶寶的鼻子）！」

5. 重複步驟2～4，每次發出的「噗 ── 」，可以低沉，也可以高亢，盡量做出音調高低的的不同變化。

「壯壯，很有趣吧？要不要再玩一次呢？」

● 遊戲效果

★ 反覆地玩這個遊戲。幾次之後，寶寶就會因為預測到在第三次「噗 ── 」後的蹭鼻子舉動而感到開心。

★ 認識到聲調可以高亢也可以低沉的差異。

★ 媽媽與寶寶面對面互視、玩耍，得以強化感情紐帶。

● 培養寶寶潛能的祕訣與應用

　　第一次和第二次發出「噗 ── 」時，可以先以悄悄話的方式說，第三次則以正常的音量講，讓聲音大小變化更明顯。但聲音千萬不要太大，避免驚嚇到寶寶。每次發出「噗 ── 」時，若是可以再加上緩緩提膝與放下的動作效果，寶寶會更加喜歡。

幼兒發展淺談　面無表情的媽媽有礙寶寶腦部發育

　　照顧寶寶的辛苦不僅是身體上的，還有精神上的，有的媽媽甚至患上產後憂鬱症。因為太苦了，在照顧寶寶的時候，確實無法總是維持著愉悅的臉色。但寶寶對於媽媽的表情反應非常敏感。

　　根據美國麻省大學的楚尼克（Edward Tronick）教授提到，媽媽毫無表情的臉孔會對寶寶形成壓力，妨害他們的身體和頭腦發展。他在「撲克臉」研究中，先請媽媽或爸爸與3～4個月大的寶寶開心說話、嘻笑逗玩，然後突然轉為面無表情。於是，大部分的寶寶先是暫時愣住，然後用微笑或咿呀兒語來努力吸引爸爸、媽媽的關注。即使這樣也無法吸引父母、得到回應時，寶寶會大喊大叫或踢腳，轉而發脾氣或哭泣。最後，無法得到父母關心的寶寶不再理睬父母，改以吸吮手指來安撫自己。

　　孩子若在面無表情的照顧者的環境下成長，身體也會出現變化。寶寶心臟搏動的頻率升高，當被稱為壓力荷爾蒙的皮質醇分泌，會在腦中主要部位造成細胞損傷。這樣的結果是，寶寶沒有辦法好好長大，頭腦發展也會出現問題。自身有憂鬱症的父母，或小時候未能受到父母關愛者，在這方面必須特別注意。

統合領域：身體與感覺／認知

用手抓腳

☑ 觀察腳和腿的經驗，開始認識自己的身體
☑ 透過遊戲來體驗自己的腳和腿的活動與運用

寶寶本來就很喜歡玩自己的腳。這個遊戲就是利用寶寶與生俱來的興趣，提升寶寶對自己身體的認識。

● 準備物品
　無

● 遊戲方法

1. 讓寶寶背部著地平躺。
　「壯壯，今天我們躺著玩遊戲。」

2. 協助寶寶將腿向上抬往自己的胸口。
　「來，把腿這樣向上抬抬看。」

3. 動一動寶寶的身體，讓他可以清楚看見自己的腿和腳趾。
　「那麼漂亮的腿是誰的啊？對，是壯壯的。」
　「那漂亮的腳趾又是誰的啊？沒錯，是壯壯的。」

4. 讓寶寶能用手抓住自己的腳趾。
　「這樣把腳拉過來，就可以看得更清楚了。」
　「壯壯，來動一動腿。輕輕地向左踢，輕輕地向右踢！」

● 遊戲效果

★ 透過觀察自己的腳和腿的經驗，發展對於身體的認識。

★ 寶寶會逐漸認識與習慣自己的腳和腿的活動。

● 培養寶寶潛能的祕訣與應用

　　可以幫寶寶穿上襪子，抓腳更容易。寶寶也可能會吸吮腳丫，所以別忘了要幫寶寶把腳洗乾淨。

幼兒發展淺談　**寶寶什麼時候會開始懼高？**

　　爬來爬去的寶寶經常會從床緣、沙發、甚至樓梯上滾落。難道寶寶們都不怕高嗎？心理學者埃莉諾‧吉布森（Eleanor J. Gibson）針對已會爬行的6個半月大的嬰兒進行研究，藉以釐清這個疑問的解答。

　　她把寶寶放上「視覺懸崖」的裝置上，透過實驗了解寶寶是否怕高。視覺懸崖的設計，雖然是在上側覆蓋著堅固的透明玻璃（讓寶寶安全爬行），但在寶寶眼中，透明玻璃就像隱形了，看起來如同位在懸崖邊緣一般。實驗時，媽媽就在懸崖對面，一邊叫喚寶寶名字，一邊做手勢要寶寶越過懸崖。大約90%的寶寶會選擇爬行在深度較淺之處，不會越過看起來很深的地方。這項結果顯示，寶寶最遲在開始爬行、6個月大以後，就已經會怕高了。

統合領域：身體與感覺／語言

噗口水！噗嚕嚕！

☑ 學習聲帶、嘴巴、嘴脣和舌頭的使用方法
☑ 訓練口部周圍肌肉，有助食用固體食物的技巧

寶寶會「噗嚕嚕 ——」，扁著嘴，一邊發出聲音，一邊噗出口水動作。雖然常常口水會噴得滿滿都是，但非常可愛。寶寶開始咿呀兒語，會說出「ㄅㄚ ㄅㄚ」「ㄅㄨ ㄅㄨ」等聲音時，這是很適合的遊戲。

● 準備物品
　無

噗嚕嚕

● 遊戲方法

1. 讓寶寶背部貼地平躺。
　「壯壯，我們來玩個非常有趣的遊戲。」

2. 確認寶寶注意力是否集中，並看著媽媽。
　「壯壯，是不是很好奇媽媽要做什麼呢？」
　「就是要來噗嚕嚕 —— 噗口水。」

3. 掀起寶寶的衣服，露出寶寶的肚子。
　「來！在壯壯的肚子試試看。衣服先這樣捲起來。」

4. 媽媽的嘴巴貼在寶寶的肚子上，震動雙脣發出「噗嚕嚕」。

「噗嚕嚕 —— 噗嚕嚕 —— ，是不是很好玩啊？癢不癢？」

5. 讓寶寶自己試試看。

「這次輪到壯壯『噗嚕嚕』了，自己來試試看。」

● 遊戲效果

★ 寶寶透過「噗口水」可以學習到調節聲音的方法、發出聲音再中斷的方法、調節聲音高低與大小的方法。

★ 學習到聲帶、嘴巴、嘴脣和舌頭的使用方法。

★ 讓寶寶練習只動嘴脣（不動下巴和舌頭）須使用的肌肉。這對之後要使用湯匙吃東西或食用固體食物非常重要。

★ 這對寶寶之後要使用杯子來食用液態食物、需將嘴脣閉緊來說，是十分重要且必要的練習。

● 培養寶寶潛能的祕訣與應用

當寶寶在噗口水的時候，媽媽也要一起噗口水或予以稱讚，鼓勵寶寶繼續練習噗口水。

幼兒發展淺談　**寶寶噗口水，就是要下雨？！**

臺灣閩南語俗諺說「男噗風，女噗雨」，這說法並非毫無根據。寶寶噗口水與呼吸器官有關，他們呼吸器官發展不完全，對氣壓變化比成人更加敏感。因此，氣壓變低時，寶寶正透過噗口水來吸入更多氧氣。

109

統合領域：人際社會與情緒／語言

看相片

☑寶寶可以熟悉且記得不常見的家人的臉孔
☑記得至親朋友的臉孔，降低怕生的情形

寶寶會開始認得相片中或圖畫中的人物。試試看透過相片，讓寶寶熟悉爺爺、奶奶，或一些不同住的親友的臉孔。

● 準備物品
爺爺、奶奶或一些不同住的親友的相片

家族相片

● 遊戲方法

1. 列印或沖洗大幅的家族相片。

2. 把相片貼在寶寶俯臥時，視線可見高度的牆面上。
「壯壯，這裡貼的是奶奶的相片。以後壯壯只要一抬頭，就可以常常看見奶奶的臉了。」

3. 與寶寶一邊看相簿，一邊說明介紹，讓寶寶認識照片中的人物。
「壯壯在看相片啊！這個是誰？這是壯壯的爺爺、奶奶。爺爺、奶奶都說過『好愛壯壯喔』。」

● 遊戲效果

★寶寶可以熟悉且記得不常見的親屬的臉孔。

★當寶寶記得親戚朋友的臉孔，就能降低認生的情形。

● 培養寶寶潛能的祕訣與應用

　　試試看把相片護貝，穿洞綁起來，製作成讓寶寶可以拿著玩的相簿。在寶寶容易看見的地方貼上家族相片，也是好方法。或在餐桌的桌腳下或玩具箱等寶寶在爬行時可能會看見的高度貼相片。或拿寶寶自己的相片來教他眼睛、鼻子、嘴巴等臉部部位。除了人物相片，亦可以利用物品相片來讓寶寶學習物品的名稱。

幼兒發展淺談　寶寶想摸相片和拿相片的理由

　　寶寶會認相片嗎？如果把奶瓶的相片或圖畫拿給寶寶看，他們會像是看到實際奶瓶一樣，想要伸手去拿，甚至把嘴湊上去。也就是說，這個時期的寶寶認得相片或畫中的奶瓶。這樣的話，他們能區分實際奶瓶和相片或畫中的奶瓶嗎？並非如此。例如，若是將奶瓶和奶瓶相片同時拿給寶寶看，大部分9個月的寶寶（約60%）會想要拿實際奶瓶。寶寶想摸相片或摸畫的舉動，會隨著年齡漸長而慢慢減少，到了19個月左右就幾乎消失。不過，他們會手指著畫，或說出畫中出現的物品名稱。換言之，寶寶們正在學習：畫中物品即使想摸也摸不到的事實，還有相片和畫的使用，不是用摸的，而是用指的。

統合領域：身體與感覺／人際社會與情緒／語言

小手變星星

☑ 在張手、握拳的過程中，小肌肉獲得發展
☑ 頻繁地使用狀聲詞和形容詞，形成語言刺激

這是運用雙手的遊戲，寶寶與媽媽一起伸出雙手就能玩。
透過遊戲時的反覆動作，有助於增強小肌肉。

● 準備物品
無

● 遊戲方法

1. 與寶寶對視（吸引寶寶的注意力），然後抬起雙手，一邊將手
   掌握拳再鬆開，一邊說著「一閃一閃亮晶晶」。重複數次。
   「我們來玩一閃一閃亮晶晶的遊戲。從媽媽先開始，一閃一閃
   亮晶晶、一閃一閃亮晶晶……。」

一閃一閃
亮晶晶

2. 帶著寶寶學著做一樣的動作。

　　「現在壯壯也來試試看，好不好？一閃一閃亮晶晶、一閃一閃
　　亮晶晶……。」

● 遊戲效果
★ 在張開手掌、握拳的過程中，小肌肉獲得發展。
★ 與爸爸、媽媽對視、愉快玩遊戲，得以強化感情紐帶。
★ 一閃一閃亮晶晶之類狀聲詞或形容詞，形成語言刺激。

● 培養寶寶潛能的祕訣與應用
　　看著爸爸、媽媽做一閃一閃亮晶晶的動作，寶寶一開始
很難立刻跟著做。即便如此，還是得不斷地耐心地示範給他
們看。寶寶經常看到爸爸、媽媽的動作，不知不覺中就會跟
著玩這個遊戲。

幼兒發展淺談　決定左撇子或右撇子的主要因素

　　寶寶是右撇子或左撇子的決定性因素，深受遺傳影響。
雖然左撇子的人口僅占10％左右，但是如果父母皆為左撇
子，寶寶是左撇子的機率將提升到45～50％。不過，寶寶在
2～3歲以前通常習慣雙手併用，未來才會決定是慣用左手或
右手。若是寶寶在18個月以前僅集中使用某一隻手，建議最
好諮詢醫師，因為寶寶的運動發展可能有問題。

統合領域：身體與感覺／人際社會與情緒／語言

咕嘰咕嘰搔癢

☑有助於熟悉部位名稱。體驗不一樣的感官知覺
☑強化社會、感情紐帶，有助於依附行為形成

這是對寶寶搔癢，同時可以教手臂、腿、肚臍等名稱的遊戲。

● 準備物品
無

咕嘰咕嘰

咯咯

● 遊戲方法

1. 讓寶寶背部著地平躺。
   「壯壯，媽媽要咕嘰咕嘰搔你的癢。」

2. 用食指和中指模仿蟲類爬行的模樣。
   「小蟲子要爬去哪裡呢？爬向我們壯壯了。」

3. 說著「小蟲子爬到手臂」，同時把手指移到寶寶的手臂上。
   「爬去我們壯壯的手臂了。咕嘰咕嘰 ── 」

4. 寶寶有笑或有反應時，暫停一下，再來讓手指爬到寶寶腿上。
   「咕嘰咕嘰很癢嗎？這次小蟲子要去哪裡呢？」

5. 重複步驟3、4，讓小蟲子爬到寶寶肚子、手、手臂、肩膀。
   「爬去壯壯的肚子囉。咕嘰咕嘰 ── 」

● 遊戲效果

★ 透過手指在身上移動和搔癢，體驗刺癢的新感覺。

★ 強化親子的感情紐帶，有助於依附關係的形成。

★ 有助於寶寶熟悉身體部位的名稱。

★ 說完「小蟲子爬過去」，緊接著就搔癢。如此一再重複，寶寶會發展出預測下一個舉動的認知能力。

● 培養寶寶潛能的祕訣與應用

　　這是讓寶寶咯咯笑的遊戲。不過，注意別搔癢過度。若要清楚教導寶寶身體部位名稱，說話時可以排除名稱以外的單詞（如小蟲子等），盡量用使用最簡單的話語。

幼兒發展淺談　搔癢有助於詞彙學習

　　根據美國普渡大學的阿曼達‧塞德爾（Amanda Seidl）教授所說，搔癢時的身體接觸，有助於寶寶從大人所說的話中學習到特定詞彙。他以正在學習英語、4個月嬰兒為對象進行實驗。父母在寶寶腹部搔癢時，並讓他聆聽某個特定英語單字（如肚子的英語belly），寶寶會記住這個字。但若聆聽當下是寶寶自己摸自己的眉毛、下巴等身體部位，就不太能記住。也就是說，與寶寶說話時，除了要慢慢地斷句、慢慢地說，最好要透過搔癢等身體接觸與詞語連結，這對語言學習有正面幫助。尤其教導關於身體部位的單詞時，將更有助益。

統合領域：認知／身體與感覺

藏到哪去了？

☑ **有助於發展物體恆存的概念**
☑ **有助於發展抓拿玩具的小肌肉**

**寶寶只要看見物體的一小部分，就能找到藏起來的物體。
這是有助於寶寶發展物體恆存概念的遊戲。**

● **準備物品**
寶寶喜歡的玩具、毛巾

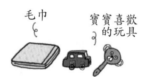

毛巾
寶寶喜歡的玩具

● **遊戲方法**

1. 讓寶寶坐好，拿他喜歡的玩具來玩。
   「壯壯喜歡的小車子在這裡。壯壯在玩ㄅㄨㄅㄨ車。」

2. 把玩具的一部分藏在毛巾下，**觀察寶寶能不能找到玩具。**
   「壯壯，媽媽要把ㄅㄨㄅㄨ車藏起來了（同時把玩具車的前半部藏在毛巾下，只露出後半部，讓寶寶明顯看見）。」
   「ㄅㄨㄅㄨ車跑去哪裡了？壯壯來找找。」

3. 寶寶在毛巾下方找到玩具、拿出來的話，給予口頭稱讚。
   「哇，壯壯找到ㄅㄨㄅㄨ車了。真的好厲害。」

4. 如果寶寶找了一會兒，還是無法找到玩具，就由媽媽幫忙從毛巾下把玩具拿出來。

「ㄅㄨㄅㄨ車跑去哪裡了？媽媽來找找，ㄅㄨㄅㄨ車這裡。」

● **遊戲效果**

★ 有助於寶寶發展物體恆存的概念。

★ 有助於寶寶發展抓拿玩具的小肌肉。

● **培養寶寶潛能的祕訣與應用**

　　這個時期的寶寶看到物體的某一部分，就會試著去找整體。在寶寶看見的時候，把奶瓶的一部分蓋在毛巾下，實驗看看寶寶能不能找到，或把玩具用中間可以看透的半透明寶特瓶蓋住，觀察寶寶能不能找到。如果是用不透明的容器蓋住、讓玩具看不到的話，寶寶是無法找到玩具的。

　　當寶寶成功找到、拿起玩具時，用毛巾把寶寶的手蓋住看看。他們會像忘記已經拿了玩具一樣，不自覺把玩具放開、東張西望，或直接空手伸出毛巾外。這是物體恆存概念尚未完全發展所致。還有一個遊戲方式，就是把小玩具或領巾藏在口袋裡，讓寶寶來找找看。

幼兒發展淺談　物體恆存概念的發展

　　如果沒有物體恆存概念，就會在物體看不見時，認為「物體不再存在」。寶寶之所以覺得捂臉遊戲有趣，理由也與物體恆存概念有關。寶寶要建立物體恆存的概念，幾乎得歷時12個月。

　　1～4個月的寶寶，即使在他注目之下把正玩著的玩具藏起來，他也不會再去尋找。4～8個月的寶寶，可以找得到用半透明蓋子蓋起來的玩具。到了8～12個月，寶寶找玩具時，不是去最後見到的地方找，而是試著去曾經找到玩具的地方尋找。一直要到12～18個月，寶寶才會開始到最後見到玩具的地方尋找。

　　所以物體恆存概念的發展，除了需要有對於物體的記憶維持能力，還要有可以克制自己去曾經找到的地方尋找的能力。尋找藏起來的玩具、捉迷藏等遊戲，都是有助於建立物體恆存概念的好遊戲。

統合領域：身體與感覺／語言

追滾動的瓶子

☑ 增強爬行所需的臂力和腿力，練習手腿並用
☑ 培養視覺追蹤力，也提供了想要爬行的動機

這個時期的寶寶會為了抓拿自己喜歡的玩具而開始爬行。
這是有助於寶寶爬行練習的遊戲。

● 準備物品
透明寶特瓶、各種顏色的彈珠

透明寶特瓶　各種顏色的彈珠

● 遊戲方法

1. 在透明的寶特瓶裡，放入彈珠，再把寶特瓶蓋緊。
   「壯壯，這些彈珠很漂亮。媽媽把彈珠放進寶特瓶裡。」

2. 把寶特瓶拿給坐著寶寶，讓他仔細看過之後。接著，在寶寶面前滾動寶特瓶。
   「好，仔細看這裡。媽媽咕嚕咕嚕地滾這個寶特瓶。」
   「寶特瓶裡的彈珠喀啦喀啦在滾來滾去。對吧？」

3. 鼓勵或引導寶寶去追滾動的寶特瓶。
   「壯壯，快點來拿寶特瓶！」

4. 讓寶寶試著自己滾寶特瓶、追寶特瓶。

　　「這次，壯壯要不要滾滾看寶特瓶啊？往前，往後，咕嚕咕
　　嚕 ── ！像這樣滾寶特瓶。哇，好棒！寶特瓶咕嚕咕嚕地在
　　滾動耶。來，壯壯去拿寶特瓶。」

● 遊戲效果

★ 增長爬行所需使用的臂力和腿力。

★ 培養手臂和腿部動作的協調能力。

★ 提供寶寶「想要爬」的動機。

★ 培養用眼睛追蹤遠處滾動的瓶子的能力。

★「咕嚕咕嚕」「喀啦喀啦」之類的狀聲詞與形容詞，對寶寶
　可以形成語言刺激。

● 培養寶寶潛能的祕訣與應用

　　除了寶特瓶之外，也可以利用會動的玩具（如球、玩具
車）。小心別讓裝入瓶內的小彈珠掉出來，避免寶寶誤食。
當然，不只可以放入彩色的彈珠，亦可試試放入硬幣或豆
子，這樣能發出多種聲音。

幼兒發展淺談　約5～7%的寶寶不會爬、先會走？

　　一般狀況下，寶寶通常在6～8個月開始爬行。不過，還有5～7%的寶寶沒有經過爬行階段，就直接就站立、走路。如果其他發展指標都正常的話，即使寶寶不爬行，也不必太擔心。寶寶爬行，是個很了不起的里程碑，這是寶寶首度可以憑一己之力來移動所在位置，意味著，手臂和腿的力量足以支撐體重，且原始反射消失（編註：primitive reflex，新生兒腦部發育未全，多數行為透過反射動作而產生。隨著年齡漸長、腦部發育成熟，開始能用自我意識控制，反射動作逐漸減少），動作可以隨意調整。還有，開始爬行之後，寶寶的視野豁然開朗，他們探索世界的領域隨之擴張。

　　寶寶爬行熟練以後，真的一眨眼功夫，就能以光速移動。因此必須格外小心，稍微一閃神，便有可能發生事故。若活動空間有易碎品或可能被誤吞的東西，必須事先收拾乾淨。這個時期後，對於寶寶的行動可以開始施予管教。管教時，對寶寶雖採溫和方式，但需要堅決喊「不行！」的情形會愈來愈多，父母必須慢慢練習。

統合領域：身體與感覺／語言

尋找家裡的聲音

☑ **聆聽各種聲音，進一步發展辨別能力**
☑ **更深入認識物品、理解物品的特性與用途**

寶寶具備相當程度的聽覺能力。這個有趣的遊戲透過聆聽家裡各式各樣的聲音，充分運用寶寶的聽覺能力。

● **準備物品**

無

● **遊戲方法**

1. 帶著寶寶到家中各處，聽聽各式各樣的聲音。
「壯壯，來聽一聽家裡發出的聲音，好不好？」

2. 首先，尋找客廳裡會發出聲音的機器。
電風扇：「電風扇發出呼呼呼的風聲，聽見了嗎？」
空氣清淨機、冷氣機：「媽媽按下開關。『滴』聲之後，就會送出涼風。這和電風扇的聲音有什麼不一樣呢？」
吸塵器：「之前一用吸塵器，壯壯就像聽到催眠曲一樣，睡得很好唷。吸塵器聲音真的很大，對吧？聽說，有的寶寶會怕吸塵器的聲音呢！」

電話、智慧型手機：「有人打電話來時，會發出什麼聲音呢？會發出歡樂的音樂聲。按下手機按鍵的話，會發出好玩的『嗶嗶』聲喔！」

電視：「壯壯，這個東西真的很好玩，對吧？會發出說話聲，還有壯壯聽到會高興地手足舞蹈的歌。」

3. 找找看浴室裡的各種聲音。

　　水龍頭：「這樣轉開水龍頭，就會發出『唰』的聲音。這樣關水的話，就沒有聲音了。」

　　吹風機：「媽媽在幫壯壯吹頭髮時，有熱風跑出來，同時還會發出聲音。壯壯聽到吹風機的聲音，是不是覺得很睏啊？」

　　電動刮鬍刀：「要不要聽聽看爸爸刮鬍子時的聲音？」

4. 再找找看，廚房和雜貨間裡的各種聲音。

　　蔬果攪拌機：「媽媽準備壯壯的副食品時，會發出什麼聲音？（按下開關）會發出像這樣『隆 ── 』的聲音唷。」

　　抽風機、抽油煙機：「煮飯時，按一下這個按鈕，就會發出好大的風聲。」

　　淨水器：「壯壯，我們來聽聽看，用杯子盛水時，會發出什麼聲音。先有『嘟』聲，然後水細細地流出來。再一次『嘟』聲，就停止出水了。」

　　洗碗機：「洗碗機會發出好多聲音。先有『唰 ── 』水落下的聲音，接著是『乒哩乒嘟』清洗碗盤的聲音。」

洗衣機：「洗衣服時，會發出『隆 — 隆 — 』聲。」

5. 再找找看房間裡的各種聲音。

衣櫥：「打開衣櫥和關上時，也會發出聲音。」

抽屜：「拉出抽屜和關回去時，注意聽喔。有不同的聲音。」

其他：「來，壯壯，仔細聽喔，拉開梳妝臺的椅子、關燈、開燈時，都會發出聲音耶！」

6. 即使待在家，也可以聽到如此多樣的聲音。聆聽各種聲音時，為使寶寶容易記憶，可以試著多用狀聲詞和形容詞來表達。同時，觀察寶寶對什麼樣的聲音特別感興趣。

● 遊戲效果

★ 聆聽各種聲音，進一步發展辨別聲音的能力。

★ 能夠學習到各種機器或物品的名稱，與描述聲音或動作的狀聲詞或形容詞。

★ 能夠更深入理解東西的特性與用途。

● 培養寶寶潛能的祕訣與應用

　　大人應注意別在家中發出過大聲響，避免寶寶受到驚嚇。還要記得觀察寶寶對於各種聲音如何反應。有的寶寶聽見吸塵器或吹風機的聲音，會因驚嚇而哭出來，但也有的寶寶聽見這類聲音就昏昏欲睡。

　　如果一下子給寶寶聽太多聲音，可能會刺激過度，所以最好一次讓寶寶依序聆聽3～4種聲音，並同時觀察寶寶的反應。可能的話，應給予寶寶邊摸邊玩物品的時間。

幼兒發展淺談　經常感染中耳炎可能造成語言發展遲緩

　　雖然中耳炎是寶寶經常感染的疾病，但對6個月至3歲寶寶的語言發展，卻可能有十分致命的影響。這階段幾乎所有寶寶都曾經感染過一次中耳炎，其中約三分之一有復發情形。中耳炎用抗生素治療的話，雖然能舒緩疼痛情形，但中耳積水的狀態持續數個月的話，不僅會喪失聽覺，對語言發展和認知發展，更會造成不良影響。就像耳朵進水，會持續有嗡嗡地雜音而聽不清楚，學說話的時候就會出現問題。

　　實際上，從一項長期研究來看，韓國資優幼兒比起同齡小孩，感染中耳炎的次數顯著較低。且研究結果顯示，罹患慢性中耳炎的寶寶在聽人說話時，不太會將整句話切成單字單詞等較小的單位，以致他們不易聽懂複雜的句子，後來在語文學習上也出現障礙。也有研究顯示，3歲前曾嚴重感染中耳炎的寶寶，一直到小學低年級都有語言發展遲緩的情形，同時學習能力落後。不僅如此，他們無法確實聽懂別人所說的話，時常答非所問，無法與同齡孩子形成良好關係。因此，若寶寶經常感染的中耳炎，在治療上應格外費心。

張開好奇的雙眼 ⑭ 尋找家裡的聲音

統合領域：身體與感覺／人際社會與情緒

來抓我啊！

☑ 練習爬行，並藉此和大人有所交流與互動
☑ 透過爬行經驗，發展對空間的理解與認識

在與寶寶相互追逐的遊戲中，可以讓寶寶在沒有壓力且開心的情形下練習爬行。

● 準備物品
無

● 遊戲方法

1. 確認已經清除周圍的危險物品，讓寶寶可以安全爬行。
   「壯壯，要不要和媽媽一起來玩鬼抓人遊戲呢？媽媽先當鬼，要來抓壯壯了。」

2. 寶寶爬行時，跟在身後一起爬行，就像要抓寶寶一樣，口中說著「要來抓我們家的寶寶了」。
   「要來抓我們寶寶了。要來抓壯壯了。爬呀爬，爬呀爬，壯壯快點逃。」

3. 慢慢朝寶寶爬過去，抓到寶寶時，親親他、抱抱他。
   「哇！媽媽抓到壯壯了。媽媽抓到我們可愛的壯壯了。再讓壯壯逃走一次，媽媽來抓你。」

● 遊戲效果

★ 這是一個讓寶寶練習爬行的機會。

★ 透過爬行與追逐的遊戲，親子間更能交流與互動。

★ 透過爬行的經驗，發展對空間概念的理解。

● 培養寶寶潛能的祕訣與應用

　　當寶寶熟悉爬行追逐的遊戲之後，可以反過來由媽媽逃走、寶寶來追。若是寶寶剛吃完飯，則至少要等10～15分鐘，待食物消化至某一程度，再進行遊戲為佳。

幼兒發展淺談　幫助寶寶爬行的6個方法

● 充分給予匍匐爬行的時間：從3個月以後，應每天給寶寶一次5～10分鐘的匍匐爬行時間。這是延長寶寶俯臥時間最好的方法。肚子貼地的俯臥時間愈長，寶寶會產生舉起身體的力氣，而可以更輕易地去調整手臂和腿部的動作。

● 別太長時間坐在學步車、寶寶座椅上：若是長時間的使用學步車，寶寶將不會想要「自己走路」，最後恐怕會延遲學會走路的時間點。

● 不要怕寶寶太累，而剝奪他嘗試的權利：在寶寶有意要（嘗試）爬行或走路時，媽媽或爸爸應給予充分的鼓勵。

● **在靠近寶寶頭部上方，用玩具吸引寶寶目光**：寶寶會為了抓拿玩具或轉身看玩具，使背部、頸部和肩膀肌肉強化。

● **不要讓寶寶太輕易拿到想要的玩具**：寶寶俯臥時，在前方放置玩具，讓寶寶可以做抓拿練習。要是較大的手足能隨時給寶寶想要的玩具，或總是抱著寶寶行動的話，寶寶的爬行能力發展可能會比較晚或索性不爬。

● **要知道「每個寶寶的氣質都不同」**：按照寶寶天生氣質的研究，喜歡安靜坐在一處的寶寶，或把注意力集中在説出第一個單字或詞語來溝通的寶寶，有運動發展較為遲緩的情形。要是寶寶有這些情形，爸媽們先別心急，應好好觀察寶寶的氣質，以符合寶寶氣質的方式，協助寶寶調整速度。

統合領域：身體與感覺／語言

推推看，按按看

☑ 發展推按動作（非拖拉動作）所使用的小肌肉
☑ 有助讓寶寶理解自身行動之相對結果的因果關係

張開好奇的雙眼 ❶ 推推看，按按看

寶寶愈來愈熟悉抓和拉的動作。相反地，他對於推和按的動作還不太熟悉，此一遊戲有助於推和按的發展。

● 準備物品
無

● 遊戲方法

1. 關上房門後，在寶寶視線前方，敲一敲門（要發出「叩叩」聲音）。之後，讓寶寶試著自己敲門。
   「壯壯，媽媽敲敲門『叩叩 ─ 』，壯壯來試試看。」

2. 慢慢打開門，示範推門動作。之後，讓寶寶試著自己推門。
   「門打開了。現在換壯壯來推門看看。」

3. 讓寶寶按電風扇、電視遙控器、淨水器等電器的按鈕或電燈開關，並觀察會出現什麼結果。
   「按按看吹風機的按鈕。哇，熱風開始吹了。」
   「按按看電視遙控器。哇，出現巧虎了！」

129

● 遊戲效果

★發展推按動作（非拖拉動作）所使用的小肌肉。

★有助於讓寶寶理解自身行為與相對結果的因果關係。

● 培養寶寶潛能的祕訣與應用

　　試試看用智慧型手機或市內電話，撥按爺爺、奶奶（或熟悉的親友）的電話號碼，若是打通了，讓寶寶聽一聽他們的聲音。還有，和寶寶擊掌時，可以稍微用點力，輕輕地推一下寶寶的手掌。

幼兒發展淺談　學習人事物間的因果關係

　　寶寶哭的話，大人通常會餵他喝奶或晃動搖鈴逗他。寶寶笑的話，大人多半也會報以微笑。當湯匙掉地上，會發出掉落聲，接下來，大人會再撿回來。以上類似的日常生活經驗，寶寶可以學習到「因果關係」。其實，嬰兒從很小就開始在學習自身行動造成的結果。基於因果關係的理解，寶寶學習到事物的特性、人們的行為及任何人事物與結果之間的關係。因果關係的理解，乃是培養解決問題能力、預測能力、理解自身行為對他人造成之影響的基礎能力。

統合領域：身體與感覺／語言／人際社會與情緒

玩音樂

☑ 發展節奏感和身體律動感，亦有助語言發展
☑ 古典音樂刺激腦部迴路，有助數學、空間概念發展

寶寶聽音樂也會有記憶。這個遊戲是與寶寶一起直接演奏音樂、感受音樂，有助於寶寶的感覺發展。

● **準備物品**
搖鈴、小鼓、鐘鈴或沙鈴

● **遊戲方法**（＊各項活動皆是配合音樂進行，沒有一定順序）

1. 配合歡樂的音樂，與寶寶一起跳舞。

2. 配合適合的音樂，讓寶寶到處翻滾。

3. 把搖鈴、沙鈴、鼓或鐘鈴拿給寶寶，隨著音樂一起演奏。
   唱歌或演奏音樂時，一邊手搖搖鈴或沙鈴，也可以一邊敲鼓或鐘鈴。如此反覆演奏，讓寶寶能夠預測何時會搖搖鈴。

4. 讓寶寶坐在膝上，一邊唱歌，一邊順著歌曲節奏上下擺動膝蓋。反覆動作，讓寶寶能夠預測膝蓋擺動的時間。

5. 寶寶喝奶或躺著時，讓寶寶聆聽輕音樂（輕搖搖鈴或拍手的方式也很不錯），配合音樂撫摸寶寶的腳趾或輕拍寶寶屁股。

● 遊戲效果

★ 聽歌得以發展寶寶的節奏感
  和身體律動感。

★ 有助於寶寶的語言發展。

★ 古典音樂可以刺激寶寶的腦
  部迴路,有助於未來數學概
  念、空間知覺能力發展。

★ 配合音樂跳舞時,可達到全
  身性運動,有助肌肉發展。

● 培養寶寶潛能的祕訣與應用

　　就算大人五音不全也沒關係。重要的是,與寶寶一起歡唱。唱歌時,盡量發音準確,且與寶寶目光對視。讓寶寶試著對上嘴形和聲音,有益語言發展。別在寶寶飯後,立刻翻滾或搖晃。寶寶白天醒著時,適合讓他聆聽輕鬆愉悅的快歌,午睡或晚上時,則適合安靜舒緩的慢歌(或輕音樂)。

幼兒發展淺談　參與式音樂教育,讓寶寶更聰明

　　根據加拿大麥克馬斯特大學的研究,參與式音樂教育有助於寶寶的頭腦發展。該研究以還不會走路、未能清楚說話的6個月寶寶為對象,提供每週一回、為期6個月的音樂教育,得到的研究結果相當有趣。

研究人員將寶寶和父母分成兩組。在參與式教育組，寶寶和父母一起演奏打擊樂器及學習童謠、搖籃曲。另一組的寶寶和父母一同玩著各式各樣的玩具，同時播放知名的古典音樂當背景音樂。

　　經過6個月後，從多項檢查中發現兩組寶寶明顯不同。參與式教育組的寶寶在聆聽音樂時，對於聲音的高低起伏非常敏感，偏愛協和音的音樂勝於不協和音。只聽音樂的第二組，寶寶則未出現如此反應。更有趣的一點是，他們的腦部反應也不同。參與式教育組的寶寶腦部對於音樂的反應更強烈、迅速。還有，在手指東西或說「拜拜」時，揮手等初期溝通交流技術方面，發展亦較另一組寶寶更為快速。他們比較愛笑、容易安撫，且較少不順心意就鬧脾氣的情形。

　　研究人員得出的結論是，雖然兩組都聽音樂，但是積極參與音樂或單純聆聽音樂，就會造成這般差異。該研究的結論簡要說明如下：

★ 如果方法得宜，寶寶也能進行參與式音樂教育。

★ 寶寶積極參與音樂的教育，比起只聆聽音樂的教育，在音樂學習上更具有效益。

★ 參與式音樂教育對寶寶社會發展和溝通力有正面影響。

統合領域：語言／身體與感覺／人際社會與情緒／認知

嬰兒手語

☑就算還不會說話，也能透過嬰兒手語來溝通
☑比起單純說話，寶寶會更專注且聚精會神

即使寶寶不會說話，也多半能理解肢體動作和手勢。這是促進寶寶語言發展的遊戲。

● 準備物品
無

● 遊戲方法

1. 教導寶寶容易跟著做的身體動作。沒有一套通用的手語可以適用於所有寶寶。請與家人一同使用適合寶寶操作的身體動作。
   適用嬰兒手語的單詞：牛奶、給、喝、還要、痛、球

2. 要先與寶寶目光對視，確認寶寶正看著嬰兒手語。
   「壯壯，注意看媽媽的手。仔細看媽媽的手在做什麼。」

3. 使用嬰兒手語時，要配合話語說明。
   牛奶（給寶寶看奶瓶）：「壯壯，注意看喔。牛奶（右手握拳然後放開的動作）、牛奶（重複上述動作）。」
   給（在寶寶手裡拿著奶瓶、玩具等物品時）：「壯壯，給媽媽（單手從胸前向外推展）、給媽媽（重複上述動作）。」

吃或食物（看著食物圖片）：「壯壯，吃東西（把手靠近嘴邊，作勢吃東西的樣子）、吃（重複上述動作）。」

喝（看著水或果汁）：「壯壯，咕嚕咕嚕喝（用手舉杯，作勢喝水的樣子）、喝（重複上述動作）。」

還要（寶寶吃完全部食物或讀完所有繪本時）：「壯壯，還要嗎？（兩手輕輕拉開，再指尖相觸）還要吃東西（聽故事）嗎（重複上述動作）？」

牛奶　　　　　　　給　　　　　　　吃或食物

喝　　　　　　　　還要

● 遊戲效果

★ 寶寶會因為使用嬰兒手語而感到開心。

★ 還不會說話的寶寶，也能使用嬰兒手語來溝通。

★ 使用寶寶手語且目光對視的同時，寶寶和媽媽之間的感情紐帶得以強化。

★ 記憶手語和意義的同時，得以發展認知領域。

★ 比起單純說話，寶寶會更仔細注視且聚精會神。

★ 促進寶寶的聲帶和語言領域的發展。

● 培養寶寶潛能的祕訣與應用

　　嬰兒手語必須一貫且持續地使用2～3個月後，寶寶才會記住並跟著做。除了爸爸、媽媽以外，寶寶的哥哥、姐姐也經常一起使用的話，效果更佳。使用手語時，務必先與寶寶目光對視，然後再嘗試用手語，且務必配合話語說明。

幼兒發展淺談　嬰兒手語有助於語言發展

　　教寶寶嬰兒手語的話，會使他比較晚學會說話嗎？恰好相反。研究結果顯示，嬰兒手語能夠促進語言發展。這個時期的寶寶，正在等待聲帶等發聲所需組織完全發展成熟，始得以溝通。在發聲所需組織發展之期間，嬰兒手語讓寶寶可以用做得到的動作來溝通。對於寶寶不知道想說什麼而感到納悶的爸爸、媽媽，及說不出話而感到挫折的寶寶而言，這對雙方都有幫助。若是使用寶寶手語，寶寶可以透過身體動作、而非語音來溝通，減少無法表達自我意思的挫折。這段期間聲帶發展完成後，就能說話。還有，寶寶手語並非只是使用動作，由於總是一起使用話語和動作，沒有理由會使說話遲緩。有研究結果顯示，學習嬰兒手語的寶寶反而更快學會說話。

統合領域：身體與感覺／語言

會滾的圖畫書

☑寶寶有更多時間活用匍匐爬行的動作
☑抓拿及滾動空罐的同時，能讓小肌肉發展

張開好奇的雙眼 ⑲ 會滾的圖畫書

簡單製作的滾動圖畫書，是與寶寶一起開心玩的遊戲，有助於寶寶的肌肉發展，且能從中學習語彙，一舉兩得。

● 準備物品
奶粉空罐、雜誌或有圖片的傳單

雜誌或傳單　　奶粉空罐

● 遊戲方法

1. 把雜誌或傳單裡的動物、人物、食物等寶寶熟悉的圖案，並用剪刀剪下來，並黏貼在奶粉空罐上。

2. 與寶寶一起俯臥在地上，把空罐放在眼前，前後滾動。
「壯壯，看這邊。空罐咕嚕咕嚕地滾。拿拿看空罐子。嗨喲，嗨喲，快爬去拿空罐子。」

3. 寶寶抓拿空罐或手指上圖案時，要告訴寶寶人事物的名稱。
「寶寶好棒，拿到了。這裡有什麼圖案呢！喔，有汪汪叫的狗狗。媽媽再把罐子滾一滾，這次出現什麼？哇！這次出現一顆球……。」

137

● 遊戲效果

★提供寶寶學習新的人事物名稱的機會。

★得以延長寶寶匍匐爬行的時間。

★抓拿及滾動空罐的同時,得以發展小肌肉。

● 培養寶寶潛能的祕訣與應用

　　可以使用相片來取代圖片。這是可以與寶寶對視,輪流滾動空罐的有趣遊戲。

幼兒發展淺談 **和寶寶關注相同事物,並與他說說話**

　　請經常說話給寶寶聽。最重要的是在媽媽和寶寶看著同一件事物時說話。這就是所謂的共同注意力(joint attention)。8～10個月左右的寶寶,大部分已會順著媽媽的視線注視媽媽正看著的東西。那麼,若是8個月以前的寶寶,該怎麼做呢?很簡單,只要針對寶寶已經在看著的東西,教導他們名稱且配合說話就行。自閉症的寶寶亦有無法順著視線看的情形,請仔細觀察寶寶是否能夠順著媽媽的視線或手指事物看過去。

統合領域：身體與感覺／人際社會與情緒

蹦蹦跳

☑ 培養腿部肌肉的力量，用以支撐自身重量
☑ 這是寶寶未來學步的良好準備運動

這是讓爸爸、媽媽與寶寶一起做身體律動，同時培養寶寶腿力的活動。這是寶寶自然而然覺得有趣的遊戲，與父母一起玩，腿部施力也不會感到負擔。

● 準備物品
無

● 遊戲方法

1. 大人坐著，雙腿向前伸直。抓著寶寶腋下，讓寶寶面對大人，站立在大人的膝蓋或大腿上。
   「壯壯，要不要試試看蹦蹦跳？這真的很有趣喔。先這樣站在媽媽膝蓋上。」

2. 大人輕輕地上下移動腿部，讓寶寶跳動的感覺。
   「很開心吧？是不是很好玩呀！」

139

張開好奇的雙眼 ⑳ 蹦蹦跳

3. 讓寶寶自行用自己的腿部施力，讓他能蹦蹦跳跳。

「這次換壯壯自己蹦蹦跳了。對，就是這樣！」

● 遊戲效果

★ 培養寶寶腿部肌肉力量，以支撐自身的重量。

★ 這是未來寶寶學步的良好準備運動。

● 培養寶寶潛能的祕訣與應用

若同時放音樂給寶寶聽，效果更佳。寶寶會隨著音樂聲開心地蹦蹦跳。若是寶寶很重，或太長時間在媽媽腿上跳躍，可能會使媽媽膝蓋不舒服的話，也可以讓寶寶在地板上蹦蹦跳。無論如何，遊戲時可以一邊唱具律動感的童謠給寶寶聽。

幼兒發展淺談　學步車（螃蟹車）不利運動和認知發展

我在養育大兒子時，總是放寶寶坐在學步車上，我才下廚做事或去洗手間。對於獨自看顧寶寶的媽媽而言，學步車被視為不可或缺的配備。寶寶坐著學步車，以光速飛來飛去，這樣一來，想到任何地方都到得了。但是，最近許多國家明文禁止使用學步車。美國小兒科學會引用統計數據，表示學步車比其他嬰兒用具的事故危險度更高，因此建議在美國境內禁止販售學步車。加拿大則在二〇〇四年全面禁止學步車的使用，甚至光是持有學步車也會被處以罰款。

除了安全事故的可能性高，學步車的相關研究結果更與
父母們的期待相反，學步車並無助於寶寶的學步發展。根據
凱斯西儲大學研究團隊，經常使用學步車的寶寶在身體發展
與認知發展方面，比起不常使用的寶寶都較為遲緩。長時間
乘坐學步車的寶寶，爬行、站立、走路發展都比較晚，學會
走路以後也仍然持續發展遲緩。根據研究顯示，多乘坐學步
車24小時，運動發展就會遲緩3日以上。

　　原因在於，乘坐學步車而獲得發展的肌肉部位，與寶寶
實際走路需要的肌肉部位不同。經常乘坐學步車的寶寶，多
有踮腳尖走路的情形。而且，這些寶寶沒有機會從爬行、站
立等過程中，發展頸部、背部、腿部等處的必要肌肉，以及
熟悉相關統合技術。還有一項原因是，寶寶在動作時能直接
嘗試及感受到自身腳或腿部的活動，獲得運動發展所需的感
覺資訊，但學步車上並無法嘗試自身的腿部活動。

　　此外，認知發展檢查顯示，經常乘坐學步車的寶寶出
現發展遲緩情形，即使在使用學步車10個月後，仍然持續遲
緩。這是由於寶寶們透過匍匐爬行而取得探索周邊環境的經
驗，時常乘坐學步車的寶寶則缺乏這方面的經驗。

統合領域：身體與感覺／語言

放進去，拿出來

☑抓放玩具、把碗翻過來等動作，促進小肌肉發展
☑學習積木或玩具的大小、形狀、重量等物理特性

寶寶喜歡把抽屜或櫥櫃裡的衣服或碗盤全部拿出來，又再重新放回去。這個遊戲是利用寶寶的喜好，學習伸手抓拿的技術。

● 準備物品
積木、搖鈴、玩具、塑膠碗

● 遊戲方法

1. 讓寶寶坐下，準備好大的塑膠碗，及各式各樣的積木或玩具。
   「圓圓啊，要不要和媽媽一起玩放進去和拿出來。」

2. 在寶寶眼前，一個一個把玩具拿起來，並放進塑膠碗裡。
   「把這裡的積木一個一個放進碗裡。好，全部都放進去了。」

3. 接下來，把塑膠碗翻過來，積木全部清空（倒出來）。
   「嘩啦啦——，積木全部倒出來了耶。」

4. 抓住寶寶的手，教他如何「拿起積木，再放落碗中」。
   「換圓圓試試看。像這樣把積木放進去，再倒出來。」

● 遊戲效果
★ 抓起積木再放落碗裡、把碗翻過來，使小肌肉得以發展。
★ 學習各種積木或玩具的大小、形狀、重量之類的物理特性。
★ 學習裡大／小、放／填滿／裝盛、拿出／倒出／清空等語彙。

● 培養寶寶潛能的祕訣與應用

也可以將容器盛裝沙子、麵粉或水後再倒出來。寶寶會抓積木或玩具，但不太會放下，可以稍微搖晃寶寶的手，讓玩具掉下來。

寶寶想要玩積木或玩具（或將之放入嘴巴）就暫停遊戲，給寶寶足夠的時間探索玩具。另外，在家庭號的塑膠牛奶瓶的上與下各挖一個大洞，讓積木可以放入再拿出。

幼兒發展淺談　**寶寶一邊玩耍，也一邊思考**

看似漫不經心的寶寶行動，事實上卻是培養因果連結思考的遊戲。寶寶有以下行為時，表示寶寶腦袋瓜正在成長：

★ 一邊搖晃玩具，一邊聆聽聲音，暫停後再度搖晃玩具。
★ 一邊用湯匙敲打餐桌，一邊聆聽聲音，暫停後再度敲打。
★ 看到媽媽從冰箱裡取出牛奶，之後如果想喝牛奶，就會把媽媽拉往冰箱方向，甚至示意媽媽要開門。
★ 用手拍水，把臉和衣服弄溼之後，先暫停又再拍水。
★ 按下彈出式玩具按鈕，看到玩具蹦出來，又再度按按鈕。
★ 玩具放入拉鍊袋之後，把拉鍊袋倒過來時，會一再確認玩具是否掉下來。

張開好奇的雙眼 ㉑ 放進去，拿出來

143

張博士，請幫幫我！

Q 直到7個月大之前，寶寶都能自己玩得很開心，但突然間變得成天想要黏著媽媽不放，完全無法自己獨處。聽人家說，平時好好陪孩子玩耍，孩子比較容易不黏媽媽，那麼應該如何陪孩子玩呢？

A 這是寶寶此一時期很正常的行為，不必過太擔心。由於寶寶這時候開始對陌生人認生，並與媽媽形成強烈依附，所以他們不想離開媽媽，如果看不見媽媽，便會感到不安。這就是所謂的分離焦慮。雖然這種情形到了18個月左右會消失，但順利度過此一時期，與寶寶形成安全依附是非常重要的。更多訊息可參考〈發展階段關鍵字：隨父母態度改變的依附與認生〉（P.148）。當寶寶感到不安時，媽媽務必盡量陪寶寶玩耍，如果無法陪伴在側，最好也能待在寶寶看得見或聽得到聲音的近處。萬一有事需要離開寶寶一陣子，不建議趁寶寶不注意時悄悄離開。因為媽媽突然消失會使寶寶更加困惑，不知道媽媽何時將再消失而感到不安。如果寶寶必須交由他人

照顧，別在寶寶面前突然消失，最好等寶寶與他人熟悉後再離開，並向寶寶說明媽媽要去哪裡、何時回來等。

Q 對於6個月大的女寶寶，一天念幾本書給她聽為宜？

A 無須事先訂定念書的冊數。而且，念幾本書不是這麼重要。有的寶寶會時常要求重複讀同一本書，有的寶寶則是看過一次就不想再聽了。重要的是採取適合寶寶的方式。寶寶看書時，若是顯得興致勃勃，可以繼續念書給她聽。但若是撇過頭去或無法專注的話，則請中止。最重要的應是敏銳留意寶寶的反應。念書給寶寶聽時，由於他還無法理解故事內容，書內文字無須全部照著念，使用單字和短句來說明即可。隨著寶寶理解的單字數增加，且專注時間拉長時，再漸漸拉長句子說給寶寶聽。

Q 我家7個月大的寶寶，經常把屋內弄得一團亂。我想在與寶寶一同玩耍後，養成寶寶收拾玩具的習慣，請問建議從何時開始教？

A 教導寶寶整理玩具的習慣非常重要，但是這對7個月大的寶寶還過於困難。要能整理玩具，首先寶寶的小肌肉要發展到可以運用雙手隨意取放玩具的程度，且大肌肉要發展到可以手持玩具、移動身體或自然從坐姿站起的程度。當

145

然，寶寶還必須知道玩具要收到哪裡，與理解「整理（或收拾）」的概念，而且懂得相關指示。要能達到如此，寶寶至少應有18個月大。在這之前，家中亂七八糟的情形只能忍一下。有時候，因為怕屋子髒亂，高價玩具買來就收進抽屜的情形也偶爾有之。即使屋子會變得稍微髒亂，還是請允許寶寶埋首玩具之中盡情玩耍，等到寶寶睡覺或休息時，媽媽或爸爸再抽空收拾整理就好。

Q 孩子的爸說想跟寶寶玩身體遊戲，但我們還不知道何時開始玩、玩什麼樣的遊戲比較好？

A 爸爸與寶寶相處熟悉的話，從3～4個月左右就可以從〈坐飛機！飛高高！〉（P.64）、〈空中腳踏車〉（P.66）等簡單的遊戲開始著手。5～8個月的寶寶有〈咕嘰咕嘰搔癢〉（P.114）、〈來抓我啊！〉（P.126）等遊戲，13個月以後有〈毯子旅行〉、〈動物農場保齡球〉等各種遊戲。有時會發生爸爸先是感到緊張害怕，甚至連抱寶寶都膽戰心驚的情形。不過，隨著爸爸多抱孩子、幫寶寶洗澡、換尿布，愈多時間與寶寶相處，就愈能了解寶寶的身體，學習到與寶寶一起遊戲的方法。請從寶寶很小的時候起，就盡量讓爸爸抱他、看顧他。寶寶在24個月以後，可以隨心所欲地行走、跑跳、攀爬，這時就能與爸爸一起玩又翻又滾的粗動作身體搏鬥遊戲。

Q 寶寶手裡一旦抓住了東西後，就很難讓他放開，該怎麼做才好呢？

A 在這個時期，寶寶手部小肌肉的發展仍在進行中，所以用手拿玩具時還不會使用手指，而是用上整隻手抓拿。寶寶一旦抓到玩具，就不太會放下，即使放下也是突然鬆手落下。到了10個月左右，他們開始能夠使用大拇指和食指來提起物品，很快就能使用湯匙或叉子。因此，在小肌肉尚未發展完全的狀態之下，寶寶抓拿物品的動作並不容易，一旦抓到東西，也無法任意鬆手放下。請理解，寶寶唯有在手與手指的小肌肉充分發展之後，才能隨心所欲地抓拿與放下物品。為了促進小肌肉的發展，請讓寶寶多做抓拿、敲打、撕扯等使用小手的活動。盡量給予寶寶運用手部的機會，如撕紙、揉紙、用手指抓拿葡萄乾或爆米花之類的點心等，將頗有助益。

隨父母態度改變的依附與認生

寶寶到6～7個月大時，雖然喜歡媽媽，但對於陌生人同樣也會報以微笑。所以人們就以為這孩子不怕生、性格好。然而，從第7～9個月左右，寶寶會變得完全不同。就像口香糖一樣黏著媽媽不放，只是暫時看不見媽媽，也會哭哭啼啼要找媽媽（分離焦慮）。而且寶寶開始認生，見到陌生人就會緊張害怕（認生焦慮）。

認生係指寶寶會區分熟人與初次見面者的臉孔，對於陌生人出現不安全感。有些寶寶認生的情形嚴重，有些則不甚嚴重。

：與嚴重認生寶寶逐漸親近的方法

* 面對4～6個月大的寶寶，最好別在一開始就先有身體接觸。
* 在距離寶寶1～2公尺的地方，給寶寶看他喜歡的玩具、發出他喜歡的聲音，等到寶寶的緊張感消除為止。

* 面帶笑容、發出各式各樣的聲音，吸引寶寶注意的同時，也給予寶寶觀察的時間。
* 一開始先與爸爸、媽媽（或照顧者）對話，未與寶寶目光對視的話，寶寶比較容易紓解緊張情緒。
* 寶寶的緊張情緒消除後，通常會開始伸手抓拿陌生人所給的玩具時，這時，可以試著與寶寶有身體接觸。

：根據寶寶反應判斷依附類型

依附與認生同時形成，主要是寶寶向媽媽（或爸爸、奶奶）形成的強烈感情紐帶。最初的依附對象只有媽媽或奶奶等一人，但在18個月左右以後，寶寶會向媽媽、爸爸、奶奶、老師等多人形成依附。

1～2歲寶寶的依附關係，可由其認生情況來判定。認生情況，係由寶寶與媽媽在一起時的情況、與媽媽分離時的認生相關情況及媽媽重新返回時的情況等所構成。此時，根據寶寶的不同反應可以區分為四種依附類型。

▶安全型依附

有過半數寶寶（65％）屬於此一類型。這些寶寶與媽媽在一起的時候，會積極探索周邊環境，但是看不到媽媽的話，就會感到非常不安。若是媽媽重新返回，他們奔向媽媽的懷抱，

便會立刻鎮定下來。如果媽媽在場，這些寶寶多半能與陌生人相處融洽。

▶抗拒型依附

　　這種類型是不安全依附中的一種，約有10％的寶寶屬於此。即使媽媽在的時候，這些寶寶也幾乎不會主動探索。媽媽離開的話，他們會感到非常不安。媽媽返回時，他們看似開心地待在媽媽身旁，但媽媽真要抱他又會抗拒。即使媽媽在場，這些寶寶對於陌生人仍會有所警戒。

▶迴避型依附

　　約20％左右的寶寶屬於這種不安全依附。媽媽不在時，這些寶寶會感受較少壓力。即使媽媽在旁，他們仍然持續忽視。有時他們善於與陌生人社交，有時則像忽視媽媽一樣，採取迴避或忽視的態度。

▶無組織‧紊亂型依附

　　寶寶中約有5％屬於這種不安全依附。這些寶寶遇到陌生狀況時，最易承受龐大壓力。媽媽重新返回時，這些寶寶會有類似呆愣或僵住的行為。或在媽媽接近時，偶爾會有突然避開的情形。

　　根據研究結果，媽媽能夠敏感察覺寶寶發送的訊號，並且給予適當回應，她們的寶寶將會形成安全依附。相反地，面對

寶寶之行動不一貫的憂鬱媽媽，或認為小時候未從父母獲得關愛的媽媽，寶寶出現不安全依附的可能性較高。而且，出現不安全依附時，寶寶氣質偏膽小者，較可能形成抗拒型依附。膽子大的寶寶，則較可能形成迴避型依附。

即使是與寶寶形成不安全依附的父母，透過父母教育學習到具敏感度的養育方式，也能讓寶寶形成安全依附。總之，仔細觀察寶寶，用心解讀寶寶發送的訊號，輕鬆自在地陪寶寶玩耍，且掌握好互動方法的話，與寶寶之間的依附關係也能有所改變。

｜依附安全度檢核表｜

以下項目符合寶寶情形者，請用○標示，最後合計標示項目的總數。

號碼	項目	檢核欄
1	媽媽進房時，開心微笑且立刻迎向媽媽。	
2	媽媽抱著時，會要求緊緊抱住和撫摸。寶寶很喜歡媽媽這樣做。	
3	受到驚嚇或害怕時，媽媽一抱就會停止哭泣，立刻鎮靜下來。	
4	即使玩耍時暫時離開媽媽，過一會兒又會再繞回媽媽身旁。	
5	陌生人來到家裡時，會靦腆害羞而且一直纏著媽媽。	
6	媽媽說「沒關係」、「不會受傷的」等安撫時，對於原本害怕的東西會變得比較不害怕。	
7	媽媽看到寶寶的行為，若是微笑或表示認可，寶寶會重覆再做。	

8	事情看似危險或感到害怕的話,先看媽媽臉色,再決定如何行動。	
9	希望媽媽模仿自己,或喜歡看媽媽主動模仿自己。	
10	被媽媽抱著時會緊緊投入懷抱。	
11	媽媽説「不行」或斥責的話,就會停止錯誤行為。	
12	被媽媽丟下、媽媽自行離開的話,會生氣或哭泣,而且急切跟著媽媽走。	
13	經常向媽媽請求協助。	
14	生氣時,邊哭邊朝媽媽走去。不會等到媽媽向自己走來。	
15	想要玩新玩具時,會把玩具拿來給媽媽,或讓媽媽看往玩具的方向。	

■按照標示項目總數的結果解析

10個至15個:安全依附的可能性高。請依現在的模式,持續地陪寶寶玩耍,愉快的度過親子互動的時光。

5個至9個:正在形成安全依附的過程,或安全依附程度偏低。請多與寶寶進行互動,增加與寶寶一起玩耍的時間。

0個至4個:不安全依附的可能性高。與寶寶玩遊戲的時候,務必更仔細觀察寶寶的反應,並對於寶寶的任何反應多加留意。

※以上參考李映、朴敬子、羅有美(1997)編纂之依附安全性檢查中相關年齡的適當項目

Chapter 3

專為 **9～12** 個月孩子設計的
潛能開發統合遊戲

走向美麗新世界

逐漸踏出生命第一步，
走向寬廣多元世界的時期。

• • •

　　這階段的寶寶剛開始可以走個一、兩步，世界因此變得更為寬廣。當他們的活動力愈來愈自由，好奇心也隨之升高，而且手的動作愈來愈熟練，可以用拇指和食指拿起小東西，也能使用杯子喝水。

身體與感覺領域的發展特徵

　　寶寶爬來爬去，增強手臂和腿部的力量，這有助於他們在輔助之下行走，或在無輔助的情形下暫時行走。寶寶會用各式各樣的方法爬行，但也有些寶寶跳過爬行這一步，只要他們的手臂和腿部力氣充足，就不必擔心。

　　寶寶能夠使用拇指和食指，用指尖拿小東西。寶寶正在學習展開手指的方法，可能會扔東西或讓東西掉落地上。而且會搖手、擊掌，或把東西從一隻手移至另一隻手，做更仔

細地探索。他們對於有輪子會滾動、可以打開或闔上的東西特別感興趣，也很喜歡把手指頭放進洞洞裡。

　　這個時期的寶寶對於打開立體書，或開闔鉸接式櫥櫃的門、紙箱等很感興趣。寶寶在數十次反覆開闔箱子、開闔門的同時，手眼協調能力獲得發展，從中學習更有效率的手指運用方法。

認知領域的發展特徵

　　首次出現目標取向的計畫性反應。寶寶為了達成目標，能夠連結兩個以上的動作。例如，為了要拿毛巾下面的玩具，可以一手提起毛巾，另一手拿玩具。還有，在這個時期，他們尋找隱藏的物品時，會去過往曾經找到的地方尋找，而非最後看到東西的地方。

　　隨著物體恆存的概念持續發展，他們很喜歡藏玩具、找玩具的遊戲。可以試試看各種難度的「尋寶遊戲」，隱藏方式可以先從看得見玩具的一部分開始，最困難的是尋找換了地方藏起來的玩具。

人際社會與情緒領域的發展特徵

　　這是出現認生和分離焦慮的時期。寶寶對陌生人有警戒

心，且更加黏著媽媽。認生的情形在8～10個月到達巔峰，之後會逐漸減弱。離開媽媽時又哭又鬧的分離焦慮，在9～18個月之間到達巔峰，之後開始減低。有機會遇見爸媽之外的人的寶寶，通常比較不會認生。為了再度吸引注意，寶寶有時會以哭鬧來試探父母的反應。

語言領域的發展特徵

為了吸引照顧者或旁人的注意，寶寶會反覆或跟著人（或環境）發出相同聲音或做同樣的動作。他們能夠透過一些身體動作與人溝通交流，例如，用手指向想要的東西、用搖頭表示不喜歡、揮揮手向人打招呼等。還有，他們可以理解「不行」等語意，聽得懂簡單的指示。現在，他們已經適應母語的聲音，約10個月時，開始會說「媽媽」「爸爸」之類的第一個單詞。約12個月時，則能夠使用1～10個左右的單詞。

在這個時期，各式各樣的說話遊戲和歌謠有助於語言發展。應該謹記的是，此一時期寶寶的語言能力通常不是透過DVD或電視習得，而是藉由與人們的交流互動才得以向上提升。務必常與寶寶說話，像是媽媽（或爸爸）對孩子述說正在做什麼事、或正在幫寶寶做什麼之類的話，並且常向寶寶提問。這時候寶寶雖然還不太會說話，但已能使用豐富的肢體動作，可以多教導他們嬰兒手語。

● 9至12個月的發展檢核表

以下是9～12個月寶寶的平均情形。每個孩子發展進度不同，可能稍快或稍慢。父母可以觀察下述活動的出現時機，透過遊戲促進相關發展。

月齡	活動	日期	觀察內容
9個月	原本躺著而能自行坐立		
	站立兩秒鐘		
	雙手握球互敲		
	手指放入撥號孔或按下電話按鍵		
	為了拿到想要的東西而拉扯物品的一部分		
	聽得懂「不行」以外的否定命令（如「別這樣」「不要碰」等）		
	會說「媽媽」、「爸爸」		
10個月	能夠只用單手扶著家具行走		
	大人抓住雙手的話，能夠走上幾步		
	兩手同時抓拿積木		
	翻找箱子		
	用拇指和食指拿起東西		
	用杯子喝水		
	喜歡看書中的圖畫		
	用手指向想要的東西		
	手指向近物時，視線會跟著移動		
	不能如願時，會以行動或言語求助		
	有一貫使用的單詞		

11個月	自己走上幾步路		
	能把積木裝進杯子		
	把豆子一顆顆放入瓶中		
	探索東西的背面		
	能和他人互玩滾球或丟球遊戲		
	聽音樂會模仿曲調		
12個月	彎腰後能立刻站起來		
	走得很好		
	雙手運用自如		
	用湯匙進食		
	把食物舀出碗外		
	自己拿奶瓶喝奶		
	按壓玩具的按鈕或拉繩子		
	找得到完全隱藏起來的物體		
	叫喚名字時，他會前來		
	抗拒成人的管制		
	有意義地使用1～10個左右的單字		

走向美麗新世界：逐漸踏出生命第一步，走向寬廣多元世界的時期

統合領域：身體與感覺

巧拼隧道

☑ **對寶寶來說，巧拼隧道是個新穎有趣的空間**
☑ **不只增加爬行練習，空間知覺能力也獲得發展**

只要稍微改變組裝的方式，巧拼就立刻變成安全隧道，很
適合喜歡躲在狹窄空間的寶寶們。

● **準備物品**
巧拼地墊（或拼裝
型的遊戲地墊）

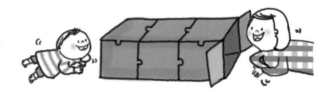

● **遊戲方法**

1. 準備好原本鋪在地面的巧拼地墊。
   「壯壯，媽媽把鋪在壯壯房間裡的拼裝地墊拿來了。」

2. 把巧拼地墊搭成中空、可讓寶寶爬進去的隧道（或屋子）。
   「這是什麼？和媽媽一起來看看裡面！哇，是一個隧道。」

3. 從寶寶所在的反方向出入口叫喚寶寶，讓寶寶鑽過隧道。
   「壯壯，媽媽在這裡。嘿唷，嘿唷，爬過來媽媽這邊。」

● 遊戲效果

★ 這個階段的寶寶很喜歡飯桌下或冰箱旁的狹窄空間。對寶寶而言，巧拼地墊做成的隧道肯定是個新穎有趣的空間。

★ 寶寶的空間知覺能力獲得發展，也增加練習爬行的機會。

● 培養寶寶潛能的祕訣與應用

幾把椅子，鋪上毛巾，也能製作隧道。飯桌一端用紙蓋住，或把幾個大箱子排放在一起，也可以做成隧道。隧道末端放置寶寶喜愛的玩具，吸引他們往裡頭探險。

幼兒發展淺談　什麼樣的玩具適合寶寶？

玩具以能刺激五感，且可放入口中吸吮的為佳，應避免繫有30公分以上線繩、PVC材質、彈珠之類的小東西、有可能誤吞之小配件（如電池、磁鐵）、稜角銳利、塗有含鉛油漆等玩具。以下為適合未滿12個月寶寶的玩具。

★ 媽媽：寶寶出生後、3個月內最棒的玩具當然是「媽媽」，因為剛出生的嬰兒最喜歡媽媽的臉孔和聲音。

★ 床鈴：色彩和形狀對比明確的為佳。

★ 搖鈴：在搖晃時發出聲音而能強化視覺、聽覺，在寶寶握拿著時亦能強化小肌肉，吸吮時可提供觸感。

★ 澡盆玩具：以寶寶能良好抓握的大小或材質為佳。

★ 布娃娃或動物玩偶：提供柔軟的觸感。

★ 圖畫書：布質或厚紙硬式圖畫書。確認書角經圓弧處理。

★ 推拉玩具：對於9個月左右的寶寶在嘗試走路時有所幫助。

統合領域：身體與感覺

站立練習

☑提供站立動機，學習扶著家具移動雙腳的方法
☑練習用上半身和腿部施力，學習掌握身體平衡

寶寶能夠自己扶物站立，意味著他很快就要學走路了。這個遊戲有助於寶寶學習自行站立。

● 準備物品
寶寶喜愛的玩具

● 遊戲方法

1. 讓寶寶暫時把玩心愛的玩具。
「這是壯壯喜歡的車車，對吧？車車要向前開囉。」

2. 在寶寶注視下，將玩具放到矮沙發上。
「壯壯，車車開到沙發上了。壯壯要不要站起來拿車車呢？試試看，抓好沙發、用力一蹬，就可以站起來了。」

3. 引導寶寶扶著東西、站起來拿玩具。
「哇，我們壯壯站起來了耶。真的好棒。」

4. 寶寶玩一陣子後，看他是否能重新坐回地上，適時給予協助。
「來，壯壯，要不要先坐下來呢？慢慢地坐下來。」

● **遊戲效果**

★ 提供寶寶自行站立的動機。

★ 讓寶寶上半身和腿部能自行使力，練習掌握身體的平衡感。

★ 學習扶著沙發或桌子，從某個地方移動到其他地方的方法。

● **培養寶寶潛能的祕訣與應用**

　　站立練習的順序如下：扶矮沙發站立→扶著高至胸部的沉重箱子等，從地面上站起來→抓住毯子，從地面上站起來→什麼都不抓，就能站起來。拿著球從地面站起來的遊戲，也是練習自行站立的好方法。從沙灘球之類的輕質大型球類開始，漸漸地改為舉起較小顆的球。讓寶寶練習向上爬樓梯，或先坐在高度可以讓腿彎曲90度的箱子上，再練習站起來，亦得以強化大腿前側肌肉的力量而有助站立。

幼兒發展淺談　太早練習站的寶寶容易導致O型腿嗎？

　　大約在2～5個月左右，寶寶已經可以用腿支撐體重。雖然他們無法自行站立，但只要抓好寶寶的身體，他們就能用腿站立。有人說，在寶寶還不會自行站立的時候，逕做站立練習會導致腿部彎曲，未來可能會O型腿。這是錯誤的觀念。事實上，大部分的寶寶在媽媽肚子裡都是呈腿部彎曲的姿勢。寶寶開始站立時，彎腿可能看起來更為明顯，但大部分到了2～3歲時，雙腿就會拉直。早做腿力練習，反而對於腿部拉直更有幫助。

統合領域：身體與感覺／人際社會與情緒

親子合作向前走

☑拉長練習站的時間，強化寶寶下半身肌肉
☑增加與大人的交流互動，得以強化感情紐帶

寶寶透過爸爸、媽媽的協助，一邊進行走路練習，一邊親子共享愉快的遊戲時光。

● 準備物品
無

● 遊戲方法

1. 與寶寶面對面，並握住他的手站立。
「壯壯，要不要和爸爸一起練習走路啊？」

2. 在抓著寶寶手的狀態下，將寶寶的雙腳一一疊到爸爸（或媽媽）的腳背上。
「抓住爸爸的手站好，把腳放到爸爸的腳上。」

3. 抓穩寶寶的手，大人一步一步地慢慢地走（大人要退著走，讓寶寶是向前走的方向）。
「來，開始走囉。一、二，一、二……。這次是向左走，一、二，一、二……。現在向右邊走，一、二，一、二……。」

4. 分別由前後左右變換方向，再像跳舞一樣轉圈圈。

「壯壯，向後退了。一、二，一、二……。這次來轉圈圈。壯壯和爸爸一起轉圈跳舞。一、二，一、二……，轉呀轉。」

● **遊戲效果**

★拉長寶寶練習站立的時間。

★強化寶寶下半身的肌肉群。

★與寶寶充分的交流互動時，得以強化親子感情紐帶。

● **培養寶寶潛能的祕訣與應用**

在遊戲過程中，發覺寶寶疲倦的話，可以抱起寶寶，暫時輕輕地搖一搖做安撫。

幼兒發展淺談 有助學步的玩具

如果學步車對寶寶學步的助益不大，那麼，什麼玩具對於這個時期的寶寶更有幫助呢？建議用可推式玩具或寶寶健力架之類的玩具來取代學步車。這類玩具有助於寶寶掌握身體的平衡。只要抓到平衡感且能站立，寶寶很快就可以開始推著玩具向前走了。

統合領域：身體與感覺／人際社會與情緒

射門，進球！

☑腿部肌肉獲得強化，眼腳協調力獲得發展
☑多人一起玩遊戲，培養寶寶的基礎社交力

想像寶寶是未來的足球選手，陪他一同開心踢足球。踢球時，寶寶的腿部肌肉能獲得強化。有爸爸、媽媽陪同玩耍，這個遊戲更加有趣。

● 準備物品
輕質大型球、箱子

● 遊戲方法

1. 抓住寶寶腋下，把寶寶舉起（讓寶寶背對大人）。
「壯壯，要不要和爸爸一起踢足球啊？」

2. 高舉寶寶時，讓寶寶的腳可以碰觸到球。
「好，爸爸把壯壯舉起來，壯壯就『砰 —』把球踢出去。來，試試看。『砰 —』把球踢出去吧！」

3. 讓球滾到椅子底下或箱子球門。

「壯壯，把球踢進那裡的球門。來，試試看。『咻——』進球了！壯壯選手踢進一球，真厲害。很好玩吧，要不要再玩一次？」

● **遊戲效果**
★ 讓寶寶身體和腿部的肌肉獲得強化。
★ 在視線跟著滾球和用腳踢球的過程，發展腳眼協調能力。
★ 與爸爸、媽媽或手足一起玩遊戲，能夠培養社會性。

● **培養寶寶潛能的祕訣與應用**
　　若有爸爸、媽媽或手足擔任守備員的角色，遊戲會更加有趣。讓寶寶用腳背、腳掌、腳側面、腿部等不同的身體部位踢球，有助於讓寶寶認識自己的身體。

幼兒發展淺談　寶寶「準備走路」的信號

　　寶寶大約在9～18個月間開始學步。當寶寶準備好行走時，就可以讓他進行走路練習了。以下信號表示寶寶已經做好行走的準備了：
★ 能夠手扶家具、廚具等物起身站立。
★ 能夠在站立之後，把重心從一腿移至另一腿。
★ 能夠爬上樓梯。
★ 能夠不扶任何東西就站著不動。

統合領域：身體與感覺

拉紙走路

☑有助於讓寶寶腹部的肌肉強化
☑一邊練習走路，一邊幫助寶寶抓到平衡感

在寶寶終於會自己站立與行走的那一刻起，所有爸爸、媽媽都會激動地拍手鼓掌。這意味著：不久之後，就得追著寶寶四處跑了。這可是無法想像的麻煩事。這個遊戲是專為已能扶著家具站立，但還不太會走路，或必須牽著手才能走路的寶寶設計的走路練習。很神奇，寶寶拉著一張紙，就會開始走路了。

● 準備物品
報紙或雜誌之類的紙

● 遊戲方法

1. 先讓寶寶扶著沙發站立。

    「壯壯，我們來練習走路。媽媽會幫助你。」

2. 讓寶寶拉著報紙的一端，媽媽則拉著另一端。

    「好，你拉著報紙這邊，媽媽拉這邊。不會跌倒，對吧？」

3. 鼓勵並引導寶寶拉著報紙移動一步。

　　「壯壯，慢慢踏出一步。對，就是這樣，好棒喔。再走一步。
　　壯壯很快就會走路了。真的好棒。」

● 遊戲效果
★ 有助於讓寶寶腹部的肌肉獲得發展與強化。
★ 幫助寶寶抓到自行站立或行走時的平衡感。
★ 一邊遊戲，一邊當做走路的練習。

● 培養寶寶潛能的祕訣與應用
　　寶寶站立又坐下，或無法行走時，輕輕地扶他一把或協
助他坐下。或在寶寶近處坐下，接著叫喚寶寶的名字。如此
一來，寶寶會不自覺地走上幾步，再投入媽媽的懷抱。重要
的是，讓寶寶有想要走路的動機。
　　寶寶開始學步時，應注意地板有無防滑，赤腳比穿襪子
更佳。寶寶開始走路的話，務必再次檢查屋內的安全狀態：
★ 把容易傾倒的家具全部收起來（或固定好）。
★ 把稜角尖銳的桌子或家具收起來，或包覆稜角部位。
★ 為避免寶寶絆倒，把電線全部收起來。
★ 在樓梯、廚房或玄關一側，設置安全門（安全防護欄）。

幼兒發展淺談 為什麼我家寶寶還不會走路？

　　雖然大部分的寶寶在滿週歲左右就會走路，但時間點仍因人而異。行走的正常月齡為9～18個月，差異甚鉅。實際上，我家老大在11個月左右就開始走路了，但小心謹慎的老二則一直到17個月大才會走路。因此，我在發展心理學課堂上，有時會挑選較晚走路的寶寶來做行走示範。

　　根據紐約大學心理學者凱倫・阿道芙（Karen E. Adolpf）教授團隊的研究，寶寶走路的三項重要因素為肌肉力量、身體平衡和氣質（也可能是想要走路的欲望）。引起寶寶興趣的東西，對於身體發展和頭腦發展很重要，但是有關寶寶走路的時機，學步的動機與氣質是比寶寶年齡更具影響力的因素。安樂型氣質的寶寶在學步時，不慌不忙地坐著觀察事物就很滿足。由於其他緣故而爬得好的寶寶，因為爬行比較快且較不可怕，所以也不會很早就開始走路。

　　根據研究人員之見，寶寶從開始對行走有興趣，直到真正走路，需要約1000小時的練習。因此，寶寶準備好行走的話，讓寶寶練習走路也是有所助益的。不過，只要寶寶在9～18個月之間開始走路，即使有人說晚也不必擔心，因為這是正常寶寶學會走路的月齡期間。

統合領域：身體與感覺／語言

杯子疊疊樂

☑ 拿杯子堆疊時，小肌肉和專注力同步獲得發展
☑ 學習方位、顏色、數字等用詞，與比較級語彙

這個遊戲是要把大小不同的杯子逐一堆疊成塔，之後再把塔推倒，寶寶會玩得不亦樂乎。

● 準備物品
大小不一的塑膠杯3～5個

大小不一的塑膠杯

● 遊戲方法

1. 媽媽先示範給寶寶看。把最大的杯子倒蓋過來放在最下面，中間大小的杯子疊放在大杯子上，最小的杯子疊在最上面。
「圓圓，媽媽來把杯子疊高高。注意看好，最大的杯子要放在第一層。中間大小的杯子要放在哪裡呢？沒錯，中間大小的杯子放第二層。來，疊好兩層了。現在把最小的杯子疊在最上面。哇！疊好三層了。」

2. 疊好杯子的話，讓寶寶用手推倒。
「圓圓來把杯子推倒。嘩啦啦，杯子塔倒了耶。」

3. 接下來,媽媽先疊好第一層,把讓寶寶試著疊第二層。

「很好玩吧!要不要再玩一次?媽媽先疊第一層。第一層放什麼樣的杯子呢?沒錯,第一層放最大的杯子。」

「接下來,第二層應該放什麼樣的杯子呢?應該放中間大小的杯子,來,換圓圓來放第二層。就是這樣。疊好兩層了。」

「好,媽媽最後放上最小的杯子。哇,終於疊好三層了。」

4. 再次推倒疊好的杯子。

「圓圓我們一起把杯子推倒。啊,真好玩。」

● **遊戲效果**

★拿杯子堆疊時,使抓握用的小肌肉獲得發展。

★由於要疊放杯子,能讓專注力獲得發展。

★比較和區別杯子大小、顏色等的能力獲得發展。

★能夠學習到「大」「小」「更」等比較級相關語彙,同時能學到表達上下位置的方位用語,還有顏色名稱、數字等。

● **培養寶寶潛能的祕訣與應用**

可以使用容易堆疊的布或塑膠積木、紙箱來疊塔，寶寶愛吃的手指食物（煮熟的紅蘿蔔、飯糰、丸子等）也很不錯。與媽媽一起合作疊塔，或由媽媽先示範，這個時期的寶寶大概能疊到兩層左右。

不過，比起疊東西，寶寶還是會覺得推倒更有趣。即使寶寶只能疊一塊積木，也要給他推倒積木塔的機會。15個月大以後，寶寶開始能夠堆疊兩個以上的積木，試著引導寶寶自己比較物品大小和疊塔。

幼兒發展淺談　開始出現目的性的行為

10個月左右的寶寶，大概有80％能用雙手拿玩具，並且可將一手握著的玩具換到另一隻手。這表示他們原本單純抓握的能力已更加提升。手持的玩具能從一手換到另一隻手，表示寶寶的手腕動作更為靈活。他們不僅能以雙手握拿玩具上下敲撞或搖晃等，還可以單手拿著玩具，並用另一手觸摸或探索。

而且，他們不是手碰到東西才會抓握，看到感興趣的玩具，已會有意識地伸手觸摸。也就是說，這個時期的寶寶已經出現手段／目的性的行動。寶寶使用眼睛，把手伸向物品的同時，可促進手眼協調和視角調整。一旦能夠自由運用雙手和伸手取物，寶寶會更積極地探索和學習周邊事物。

統合領域：身體與感覺

紙盒戳戳樂

☑ 有助於寶寶食指的小肌肉發展
☑ 有助於發展寶寶用指尖取物的能力

寶寶要開始學習使用手指，而非使用手掌的方法。除了用手指指東西外，他們不管在哪裡看到洞孔，都會馬上把食指戳進去。這個遊戲可以幫助寶寶更加善用他們的手指。

● 準備物品

面紙盒（或溼紙巾盒、外帶咖啡杯等）、化妝用棉球

● 遊戲方法

1. 在使用完畢的面紙盒上挖幾個圓洞，大小大約是寶寶手指能伸進去的程度。

   「圓圓很喜歡東戳西戳吧，所以，媽媽在盒子上挖了洞。來，看這裡。」

   ＊洞孔邊緣要仔細修整，避免寶寶的手指被紙割傷

2. 引導寶寶把手指放入洞孔。

「圓圓，來把手指頭放進這裡的洞洞。哇，好棒。圓圓手指頭馬上戳進去了耶。這裡也洞洞，戳 — ，這邊也有，戳 — ，一個個都戳進去。」

3. 在寶寶注視下，把一顆棉球放進洞裡。

「好，仔細看唷。媽媽把這顆棉球放進洞裡。掉進去了。再一次，掉進去了。」

4. 引導寶寶直接把棉球放進洞裡。

「輪到圓圓。圓圓啊，試試看把這顆棉球拿起來，再放進洞裡。媽媽會幫妳。好，放進洞裡了耶。啊，好厲害。再試一次看看。」

● 遊戲效果

★ 有助於寶寶食指的小肌肉發展。
★ 有助於發展寶寶用指尖取物的能力。

● 培養寶寶潛能的祕訣與應用

　　使用能夠撥號的玩具電話機、可以把手指放入洞孔的童書或繪本等，也是不錯的方式。用手指按鈴、觸按鋼琴鍵盤或電腦鍵盤，亦可成為趣味十足的遊戲。還有，不妨試試看把紙巾用完剩下的紙捲，以膠帶貼在寶寶身高可及的牆壁上，讓寶寶放棉球或小玩具。

幼兒發展淺談　手指動作的發展

　　寶寶出生時就握著拳頭。這是反射反應，此時寶寶抓握任何東西，都是使用拳頭，而非手指，他們還無法單獨活動手指。到了3個月大左右，寶寶把手展開的時間逐漸增加。這時候，如果把搖鈴放到手裡給他們握著，他們會有意識地握住搖鈴。一直要到6個月大左右，神經系統進一步發展後，才會開始張手抓握。寶寶也在此時學習到使用手指的方法。寶寶9～10個月大左右，會用食指來指東西（或人）及按壓按鈕。也有寶寶一下子就懂得伸出食指來抓拿小東西。在滿5歲以前，寶寶能夠做到伸出或彎折手指頭（手指分開運用）。分別使用一根根手指的能力，對於小肌肉的發展非常重要。唯有在手指能一一分開使用之後，畫畫或寫字時才有手力調整鉛筆或蠟筆，且可穩穩地握住鉛筆。解開或扣上鈕扣、使用剪刀、按鍵盤、彈奏鋼琴和繫鞋帶之類的許多日常生活重要技能，他們逐漸可以做到。

統合領域：身體與感覺

移動玩具

☑ 有助於寶寶用手指取物所需的小肌肉發展
☑ 培養寶寶的專注力、手眼協調的能力

這是只要有小玩具和製作冰塊時使用的冰塊盒，就能促進手指小肌肉發展的良好遊戲。

● 準備物品

小玩具、冰塊盒（或瑪芬烤盤）

瑪芬烤盤
冰塊盒
小玩具

● 遊戲方法

1. 準備好冰塊盒和小玩具。

「壯壯，媽媽已經把壯壯喜歡的玩具拿過來了。注意看媽媽要做什麼唷。」

2. 示範給寶寶看，拿起小玩具後，再一個個放入冰塊盒。

「壯壯，把動物玩偶一個一個拿起來，然後再放進這裡的房子（指向冰塊盒的小方格）。」

3.引導並協助寶寶把小玩具一個個放入冰塊盒。

「來，現在輪到壯壯了。壯壯來把玩偶一個個放進房子裡。」

● **遊戲效果**

★有助於訓練寶寶手指取物所需的小肌肉。

★培養寶寶的專注力。

★培養寶寶的手眼協調能力。

● **培養寶寶潛能的祕訣與應用**

讓寶寶嘗試拿起和移動各種大小的物體。小石子或蘋果、柳橙之類的水果也適合利用。但若是要拿起來的物體太小（如葡萄乾、豆子等），寶寶還不會用手指取物，反而得把手掌拱成鉤形才能拿起。要注意的是，寶寶可能會把東西放入口中，必須隨時看守在旁。

幼兒發展淺談　透過練習能促進運動發展

非洲孔族的寶寶在吃奶時，必須掛在持續走動的媽媽身上。這讓寶寶很早就開始練習牢牢抓住媽媽頸上戴的項鍊，且緊抓著不放。其結果是，比起其他國家的同齡寶寶，孔族寶寶較早發展伸手及抓握動作。也就是說，若環境上自然而然地進行練習，運動發展的速度同樣會加快。但務必謹記的是，對於寶寶來說，運動練習必須像是遊戲，若是過度練習而對寶寶造成壓力，反而會帶來負面效果。應時時觀察寶寶的反應，檢視寶寶喜歡何種程度的刺激。

統合領域：身體與感覺

用湯勺舀東西

☑ 有助於寶寶手臂的大肌肉發展
☑ 有助於發展手眼協調能力、培養專注力

利用湯勺來做大肌肉運動。在這個遊戲中，寶寶利用湯勺來搬豆子，若是在碗底藏放寶寶喜愛的玩具，寶寶發現時，會覺得這個活動更好玩。

- 準備物品
湯勺、兩個大碗、豆子（或麥片）、
寶寶喜愛的玩具

兩個大碗
湯勺
寶寶喜愛的玩具
豆子（或麥片）

- 遊戲方法

1. 準備好兩個大碗，在其中一個碗內盛裝豆子。
   在裝盛豆子的碗底藏放寶寶喜愛的小玩具（或新玩具）。寶寶在舀豆子和搬豆子之後發現玩具，會讓遊戲變得更好玩。不過，藏的時候要注意，別讓玩具太早露出而使舀豆子的動作中斷。

2. 媽媽示範用湯勺把碗內的豆子舀起來，移到另一個碗。
   「圓圓，仔細看。媽媽舀起這碗的豆子（裝盛豆子的碗），移到這裡（空碗）來。搬的時候要小心，別讓豆子掉下來。」

179

3. 把湯勺拿給寶寶，讓寶寶舀豆子和搬豆子。

「現在換圓圓來搬豆子。要抓好湯勺，別讓豆子掉下來。媽媽
會幫妳。」

● **遊戲效果**

★ 有助於寶寶手臂的大肌肉發展。

★ 有助於發展寶寶的手眼協調能力。

★ 能夠從中培養寶寶的專注力。

● **培養寶寶潛能的祕訣與應用**

玩的時候不用湯勺，而是用手抓豆子和搬豆子的話，屬
於小肌肉運動。寶寶可能吃下豆子，所以大人務必在旁邊看
守。

幼兒發展淺談　什麼時候寶寶才會自己吃飯？

寶寶10個月大以後，就能夠使用杯子和湯匙。用手指拿
起東西放入口中，這是在預備自己吃飯的能力。當然，這時
候掉下來的食物遠比放入口中的還多，但是為了增進寶寶的
小肌肉發展，不妨刻意增加寶寶自己吃飯的機會，讓他能使
用湯匙，讓他能自己吃飯。因為寶寶自己用湯匙吃飯、舉杯
喝水和用手摸食物時，可以熟悉各式各樣的飲食，小肌肉也
能獲得發展。在寶寶協調能力有所提升後，也可能做到一手
使用湯匙，另一隻手拿碗。

180

不過，寶寶自己吃飯時，大人最好隨時在旁，注意食物有無卡到喉嚨的情況。即使寶寶吃的全身髒兮兮（或根本在玩食物），也絕對不要斥責。玩食物是寶寶熟悉飲食的一個過程。別心急地想教寶寶用餐禮儀，畢竟，禮儀等到寶寶大一點再學也不遲。

　　這個時期尤其適合提供手指食物，亦即用手指就能輕易拿起來吃的食物，此外也由於食用容易，入口易化，比較不會卡在喉嚨。

★ 適合做為手指食物的食材：麵條、豆腐、米餅、煮熟的蔬菜切塊、軟質水果、小起司片、薄餅等。

★ 應避免的食物或食材：太大塊的食物、未經烹煮的紅蘿蔔或豆子等蔬菜、葡萄、爆米花、口香糖、硬糖果、堅果類。

統合領域：身體與感覺／人際社會與情緒

用優格塗鴉

☑ 體驗優格觸感、香氣、味道、顏色等感覺
☑ 小肌肉獲得發展，且專注時有助心理鎮靜

讓寶寶用所吃的食物來完成第一幅美術作品。這個遊戲讓寶寶嘗試用優格或熟紅蘿蔔等泥質食物來塗鴉。

● 準備物品
防水圍兜兜、原味優格、食用色素、圖畫紙（黑色圖畫紙也可以）、透明膠帶

● 遊戲方法

1. 讓寶寶坐在嬰兒用餐桌椅上，套上舊衣服或防水圍兜兜，以避免沾到衣服。
   「圓圓，想不想來畫第一幅美術作品呢？」

2. 大人把食用色素混入原味優格中。
   「媽媽把漂亮的顏色放進圓圓最愛吃的優格裡頭。」
   ＊沒有準備食用色素的話，就直接使用黑色圖畫紙塗鴉

3. 用膠帶把畫紙固定在寶寶餐桌椅的托盤上。

「我用膠帶固定好了，這樣紙就不會動了。」

4. 媽媽用手指抹上優格，接著在紙上畫畫。

「圓圓像這樣用手指沾優格，然後就可以開始盡情地畫畫了。」

5. 寶寶看完就會跟著做。要是寶寶沒有跟著做的話，媽媽可以握住寶寶的手畫個幾筆。

「圓圓現在想不想試試看呢？來，畫畫看。」

● **遊戲效果**

★ 能夠體驗到優格的觸感、優格的香氣、味道、顏色等感覺。

★ 使用手指時，小肌肉獲得發展。

★ 專注時有心理鎮靜的效果。

● **培養寶寶潛能的祕訣與應用**

擔心會弄得髒ㄅㄚˉㄅㄚˉ的話，亦可使用彩色鉛筆或蠟筆。不過，寶寶可能放進口中吸吮，請務必準備無毒材質。另外，即使寶寶還無法正確地握好彩色鉛筆或蠟筆，仍應讓他們恣意揮灑（現階段暫時不須要太在意握筆的方式）。

幼兒發展淺談　在家就能帶孩子玩「感統遊戲」嗎？

感統遊戲，係刺激視覺、聽覺、嗅覺、味覺、觸覺和前庭覺、本體覺的遊戲。寶寶自出生起就是透過感覺來學習和體驗一切事物，所以感統遊戲就如同增進寶寶們頭腦發展的營養素一般。

早期，小孩子會在戶外玩泥巴和玩水、爬上爬下等，非常自然地就玩起感統遊戲。現代社會在家中玩感統遊戲，善後工作十分複雜又麻煩。不少家長最後都是傾向尋找設有相關課程與場所的機構，方便讓孩子玩「感統遊戲」。

不過，其實只要稍微變通，在家中一樣可以輕易地玩感統遊戲。當寶寶把牛奶灑到地上而用手塗抹時、把正在吃的副食品扔到地上而玩得不亦樂乎時、把各種鍋具全搬出來敲敲打打時、把爸爸的刮鬍膏抹至全身時，這些寶寶投入其中（或説是爸媽眼中看來「正在惹是生非」）的遊戲，大部分都是感統遊戲。若是家中能夠提供安全的環境，讓寶寶安心地觸摸、敲打、品嘗味道和活動，亦可不必特意出門去參加感統遊戲的課程。

統合領域：身體與感覺／人際社會與情緒／語言

哈囉！你好嗎？

☑ 習慣見到人要打招呼或道別時要說再見
☑ 學習到與家人親戚和陌生人互動的方式

寶寶在這個遊戲中，練習向爸爸、媽媽以外的陌生人或親戚朋友彬彬有禮地打招呼，同時正在學習到與他人互動的方法。

● 準備物品
無

● 遊戲方法

1. 媽媽向寶寶示範如何打招呼，一邊說「你好」，一邊低頭行禮。
   「圓圓，爸爸來的話，就說『你好』，再像這樣行禮（略彎下腰）。還有，我們也向爺爺、奶奶說『你好』喔。」

2. 讓寶寶跟著媽媽行禮，協助寶寶略彎下腰。
   「換圓圓來試試看，說『你好』。嗯，做得很好。」

走向美麗新世界 ⓫ 哈囉！你好嗎？

185

3. 媽媽示範用「Bye bye」道別。

「爸爸出門的時候，一邊說『Bye bye』，一邊揮手喔。圓圓也來試試看。」

4. 說「Bye bye」時，協助寶寶舉起手臂晃動，做出揮手的動作。

「圓圓來試試看。一邊說『Bye bye』，一邊揮手。哇，做得好棒。」

5. 除了向爸爸或爺爺、奶奶打招呼以外，也要讓寶寶有機會向陌生人打招呼。

「圓圓啊，阿姨（或叔叔）來了耶，說『你好』。哇，做得好棒。」

● 遊戲效果
★ 讓寶寶習慣在見到人時打招呼與道別時揮手說再見，這是熟悉與人互動的好機會。
★ 讓寶寶學習到與家人親友和陌生人的互動方法。

● 培養寶寶潛能的祕訣與應用
　　多多讓寶寶有機會與爸爸、媽媽以外的親戚朋友、鄰居和較陌生的人見面或接觸。雖然現在還不是他們可以與其他同齡寶寶一起玩的時期，仍然可以教導他們遇到同齡寶寶時，該有的溫和互動方法。

幼兒發展淺談　自閉症寶寶比較不會盯著人臉看

　　自閉症寶寶不只在語言上，在非語言（如說「Bye bye」時揮手、用手指物、行禮等）的溝通、與他人建立關係、靈活思考和行動方面都會出現缺陷。自閉症通常可以在3歲以前診斷出來，不過，自閉症寶寶在12個月以前也會出現與其他寶寶不同之處。相較於正常寶寶，自閉症寶寶在有人叫喚自己名字時無反應，而且較不會盯著其他人的臉看。到了12個月左右，他們較少出現社交性微笑，模仿行為也不多，較不會跟著別人朝向相同地方看去（缺乏共同注意力），也不會要求抱抱或想要抱人的動作。而且他們對於其他人快樂或哀傷的情緒反應也漠不關心。一項研究中就透過大人假裝被玩具槌敲到手指而受傷，12個月的寶寶會如何反應，後來被診斷為自閉症的寶寶，即使在12個月大時，比起正常寶寶比較不會盯著受傷的成人看，見到遭遇痛楚的人，也較少出現皺眉的情緒變化。

　　若是寶寶出現以下症狀，建議向專業醫師諮詢。
★6個月左右：沒有大笑或其他快樂的表情。
★9個月左右：沒有微笑或其他臉部表情。
★12個月左右：叫喚寶寶名字沒有任何反應。

統合領域：身體與感覺／認知／人際社會與情緒／語言

用圍巾玩遊戲

☑具有給予寶寶安全感及安撫的效果
☑讓寶寶體驗柔軟觸感，提供習得相關語彙的機會

寶寶從這個遊戲裡，不只可以體驗到柔軟的觸感，情緒上也能感受到安全感。

● 準備物品
軟質圍巾、手帕、披肩、毛毯、布偶等

軟質圍巾　披肩　手帕　毛毯

布偶

● 遊戲方法

1. 把圍巾（或毛毯、布偶）貼在寶寶臉頰或腳掌，輕輕搓揉。
   「哇，好柔軟。再搓搓腳掌，好不好？啊，好癢唷。」

2. 先把圍巾包在自己頭上，示範給寶寶看，再幫他包上圍巾。
   「媽媽把圍巾包在頭上了。啊，好暖和。輪到圓圓了。圓圓頭上包好圍巾，變成了大嬸了。大嬸，您好！」

3. 把毛毯鋪在地上，或將軟質圍巾繫在大人的肩上，這樣在抱著寶寶時，可以讓他們體驗到柔軟的觸感。
   ＊基於嬰兒猝死風險考量，美國小兒協會建議寶寶12個月大前，勿在床上鋪置軟質毛毯，惟白天適合提供讓寶寶摟著的軟巾或毛毯。

● 遊戲效果

★ 具有給予寶寶安全感及安撫的效果。

★ 讓寶寶體驗柔軟觸感，提供學習相關語彙的機會。

● 培養寶寶潛能的祕訣與應用

　　大人不妨試試利用圍巾遮住臉，開心地跟寶寶一起玩捂臉遊戲，這是此一時期寶寶最喜愛的遊戲之一。

幼兒發展淺談　寶寶的安撫巾（security blanket）

　　《花生》（Peanuts）是以查理布朗和史努比為故事主角的著名美國漫畫。其中主人翁查理布朗的死黨萊納斯總是拖著一條藍色毛毯四處走。萊納斯真的很喜歡那條毛毯而且總是摟著不放，尤其是到新環境時，一定得把那條毛毯帶在身旁。沒有那條毛毯的話，萊納斯什麼也做不了。所以，毛毯拿去洗的時候，他感到十分心慌不安。

　　這條萊納斯的毛毯，就是所謂的「安撫巾」。意即寶寶摟著走，內心就會獲得安全感（安撫物不限於毛毯或毛巾，有時可能是玩偶之類的東西）。孩子與媽媽或照顧者分開時，安撫巾特別可以派上用場。我家大兒子的安撫巾是奶奶使用的大毛巾，他一直保留至今。二兒子的安撫物則是我的舊T恤。他在2歲之前，都是拖著這件舊T恤四處走，還有陪伴入睡。

統合領域：人際社會與情緒／語言

掌上型玩偶

☑矯正寶寶的不良行為和教導新行為
☑教導寶寶與朋友（或其他人）互動方法

這個遊戲是透過掌上玩偶、用歡樂的方式來矯正寶寶的壞習慣，並趁機教導他們應有的行為。

● 準備物品
舊襪子、筆、新食物或寶寶不愛的食物

● 遊戲方法

1. 用舊襪子來製作掌上玩偶。
   │製作簡單的掌上玩偶│
   ①找到長度寬度足以容納大人下手臂的舊襪子。避免太薄或有破洞。
   ②在襪子的腳趾部分，貼上或縫上兩顆黑色鈕扣，做成眼睛。
   ③在眼睛的下方，貼上紅色的紙或碎布，做成一個大嘴巴。
   ④最後，可以用黑線做成頭髮，或另外貼上鼻子。

2. 把掌上玩偶戴到手上，與寶寶打招呼。這時候，建議媽媽採用變聲的方式。
   「哈囉，圓圓，我叫耶比。圓圓啊，我好喜歡妳，想和妳做朋友。」

3. 放上新食物或寶寶不愛的食物（例如茄子），讓掌上玩偶假裝在吃。

　　「圓圓，我們一起來吃飯吧？耶比超級喜歡茄子。嗯，真的好好吃。圓圓也來一口茄子吧！」

4. 即使寶寶沒有立刻跟著做，也不必失望，下次再試試。只要寶寶對新食物表現興趣，就予以稱讚。

　　「哦，圓圓也在吃茄子耶，真的好棒。哇，我們家的圓圓一定會健健康康、頭好壯壯。」

● 遊戲效果
★ 透過別出心裁的遊戲，在歡樂的氛圍中矯正寶寶的不良行為和教導新的行為。
★ 同時能教導寶寶與朋友互動或相處的方法。

● 培養寶寶潛能的祕訣與應用
　　如果媽媽的手比較巧，也可以製做成兔子、老鼠等動物，用各式各樣的襪子玩偶來跟寶寶玩。最近，有很多媽媽會用寶寶的舊衣服或襪子做成可愛的玩偶，再傳到社群網站或部落格上，建議爸媽不妨參考看看。

幼兒發展淺談　寶寶也不喜歡與己相異的人

　　根據耶魯大學的凱倫溫恩（Karen Wynn）教授研究，寶寶在滿1歲以前，會比較喜歡飲食、穿著等與自己喜好相似的人。

　　為了了解這一點，研究人員向寶寶展示兩個玩偶。他們事先調查寶寶的喜好，一只玩偶愛吃的食物與寶寶的偏好（例如豆子）相同，另一只玩偶愛吃的食物則是寶寶不愛的（例如薄餅）。然後，他們向寶寶詢問比較喜歡哪一只玩偶，愛吃薄餅的寶寶喜歡愛吃薄餅的玩偶，而愛吃豆子的寶寶喜歡愛吃豆子的玩偶。不僅如此，相當有趣的是，這些寶寶更喜歡自己偏愛的玩偶收到禮物，而自己討厭的玩偶遭受懲罰。

　　根據研究人員的看法，這項結果證明了嬰幼兒也會對與自己相似的人（例如家族、朋友等熟人）持有好感。也就是說，對於不同人種或異己之他人的偏見與歧視，從出生未滿1年的寶寶身上就顯現根源。

　　如果想要防止寶寶偏好與自己相似者、對異己他人抱持偏見或歧視的情形進一步發展，爸爸、媽媽或養育者必須從寶寶年幼時就悉心教育。例如，若是寶寶討厭吃豆子，媽媽就在遊戲中特別稱讚愛吃豆子的玩偶，也是一種教育方法。

統合領域：認知

玩具躲貓貓

☑ 有助於發展物體恆存的概念與促進記憶力
☑ 能夠理解「藏起來、找出來」的遊戲法則

大部分的寶寶在這個階段已經知道：即使眼前（或暫時）看不見的玩具或人，實體仍然存在某處。此外，他們的記憶力變得更好，可以開始玩藏玩具和找玩具的遊戲了。

● **準備物品**
寶寶喜愛的玩具

熊玩偶　　布玩偶

● **遊戲方法**

1. 在寶寶心情好的時候，挑選一個他喜愛的玩具，讓他暫時拿著玩一陣子。

    「壯壯，和媽媽一起來找玩具。我們壯壯很喜歡小熊玩偶，對吧？想不想和小熊玩偶一起玩躲貓貓呢？」

2. 在寶寶注視下，把玩具藏在近處（沙發下或坐墊下），並且露出玩具的一部分，讓寶寶尋找。

    「壯壯，媽媽把小熊玩偶藏起來了。壯壯要仔細看藏在哪裡，然後找出來喔。要藏在哪裡呢……，對，藏在這裡的沙發下。壯壯，你看到媽媽把小熊玩偶藏起來了。現在換壯壯把小熊玩偶找出來。」

走向美麗新世界 ❹ 玩具躲貓貓

3. 寶寶找到的話，予以口頭稱讚，並讓他拿著玩一陣子。接著，
   再藏一次。
   「哇，找到了。壯壯找到小熊玩偶了。媽媽要再藏一次！」

4. 同樣在寶寶注視下把玩具藏起來，但藏到整個玩具看不見。
   「壯壯啊，這次也要看仔細。要藏在哪裡呢……，仔細看唷。
   這次藏在坐墊下。壯壯來找找看，小熊玩偶在哪裡呢？」

5. 寶寶找到的話，予以口頭稱讚。如果寶寶找不到玩具，媽媽就
   和他一起找。
   「啊，好厲害。壯壯找到小熊玩偶了耶。壯壯啊，很好玩吧？
   我們再繼續玩『藏起來、找出來』的遊戲，好不好？」

● 遊戲效果

★ 有助於寶寶物體恆存概念的發展。

★ 促進寶寶記憶力的發展。

★ 能夠理解「藏起來、找出來」的遊戲法則。

● 培養寶寶潛能的祕訣與應用

　　試試看把會發出音樂或聲音的玩具藏起來。藏起來之前，先把玩具拿給寶寶，讓他有充分的時間邊聽邊玩。然後，在藏好玩具之後，讓寶寶聽聲音來找玩具。還有另一個遊戲，就是讓寶寶躺在地上時，把小玩具藏在他的身上讓他找。玩具可以先放在上衣口袋，再放到褲子，或放至襪子裡等，變換藏玩具的位置。

　　如果寶寶看到藏玩具的動作，立刻就能找到的話，可以延後20秒、30秒之後再讓他找。透過此一方式，漸漸拉長所需記憶的時間。藏起來、找出來的遊戲玩了數次之後，也可能會出現失敗率逐漸升高、將先前找到的地方與實際藏起來的地方弄混之情形。

　　這回可改由寶寶直接把玩具藏起來，讓媽媽來找。別一開始就立刻找到，先作勢尋找一陣子之後，再找出玩具。

幼兒發展淺談
即使看到藏起來的動作，寶寶還是會去別的地方找？

　　出現物體恆存概念的寶寶，會試圖尋找眼前看不見的玩具。不過，他們找玩具時還是可能失敗。例如，在沙發底下成功找到玩具數次之後，在寶寶注視之下，把玩具改藏到坐墊下。奇怪的是，儘管8～12個月的寶寶明明看到玩具藏到坐墊下，還是因為又到沙發下去找玩具而失敗。根據皮亞傑（Jean Piaget）的觀點，這是由於他們還無法將有趣的感覺經驗與現實完全區分所致。

走向美麗新世界 ❹ 玩具躲貓貓

統合領域：認知

左手，右手，請選擇！

☑尋找玩具的地方變得單純，更容易學習物體恆存概念

這個遊戲無須大幅動作，就能練習物體恆存的概念，外出時，在車子裡或候診時也很適合跟寶寶玩。

● 準備物品
寶寶喜愛的玩具（能夠藏在手中的大小）

小車子

各種顏色的彈珠

● 遊戲方法

1. 把能夠放入手中的小玩具拿給寶寶看。
   「圓圓，這裡有玩具，注意看仔細。」

2. 在寶寶看著的時候，把玩具放入一隻手中，然後兩手全都闔起來。接著，引導寶寶找出玩具。
   「來，媽媽把玩具放到這隻手。看到了吧？」
   「喔！玩具不見了耶。在哪一隻手呢？來找找看。」

3. 寶寶找到的話，予以口頭稱讚，然後再重複玩一次。
   「好厲害唷。找到玩具了。我們再玩一次。」

4. 寶寶未能找到玩具的話，把玩具拿給他看，然後再藏起來。
   「喔！這裡沒有玩具。來看看這邊？原來在這裡。沒關係，我們再來玩一次，這次要更認真喔。」

- ● 遊戲效果
- ★ 因為尋找玩具的地方僅限於左手和右手兩處而已，所以寶寶更容易學習到物體恆存的概念。

- ● 培養寶寶潛能的祕訣與應用

試試把玩具輪流藏在左手和右手，或持續只藏在某一邊。亦可以趁機觀察寶寶，在「符合預想時」及「與期待不同時」的反應有何不同或特殊的表現。

幼兒發展淺談　出乎意料的事情，寶寶會盯著看更久

寶寶連話都還不會說，該如何進行研究呢？一種方法是測量寶寶盯著看的時間。在這類研究中，會向寶寶展示兩種事件。一種是與寶寶期待一致的事件（或「可能事件」），另一種是與期待不一致的事件（或「不可能事件」）。例如，由於重力的關係，與期待一致的事件是：弄掉球的時候，球掉到地上。反之，與期待不一致的事件是：弄掉球的時候，球飄在空中。展示這兩種事件時，若是與寶寶期待不一致的事件，寶寶會盯著看比較久，這可以解釋為寶寶已經理解重力的概念，或至少看到不可能事件會感覺有異。面對僅2～3個月大的幼兒，這種方法可以用來研究他們的認知能力。當寶寶目不轉睛盯著某樣東西看時，不妨從旁觀察他們在看什麼，還有在想什麼。

統合領域：身體與感覺／認知

把米餅拿出來

☑嘗試用各種方法來解決問題，並觀察結果
☑學習在成功解決後，再度適用相同方法的原則

不把手放入瓶子中就能取出米餅的方法是什麼呢？這個遊戲可以培養寶寶解決問題的能力。

米餅
（或麥片）　　　　　　　寶特瓶

● 準備物品

透明寶特瓶3個（瓶口大小以無法讓寶寶把手放進去為原則）、米餅（或麥片）

● 遊戲方法

1. 在每個寶特瓶內倒入一些碎成小塊的米餅（或麥片），放在寶寶面前。

「圓圓啊，這裡瓶子裡放進了圓圓最喜歡的米餅耶。」

2. 引導寶寶取出米餅。

「試試看把瓶子裡的米餅拿出來。要怎麼做才好呢？」

3. 觀察寶寶使用什麼樣的方法，鼓勵或引導他去做各種嘗試。

「把手放進去看看嗎？喔，手放不進去。那該怎麼辦呢？」

4. 寶寶把瓶子倒過來，成功取出米香的話，給他第二個瓶子，觀察他是否懂得隨即運用成功的方法。

「對，這樣把瓶子倒過來的話，就能拿出米餅耶。要不要再試一次看看？」

5. 如果寶寶嘗試了幾分鐘，還是無法倒瓶子取出米餅的話，就由媽媽示範將瓶子裡的米餅倒出來，並給寶寶另一個瓶子。

「不管怎麼做都拿不出米餅嗎？來，媽媽來試試看？對啦，像這樣把瓶子倒過來，就能拿出米餅。換圓圓來試試看。」

6. 第二個瓶子也無法成功的話，媽媽再次示範給寶寶看，然後拿給寶寶第三個瓶子，觀察他這次是否比較快成功。

「好，我們再試一次。這樣做，就能拿出米餅嗎？想想看，剛才是怎麼拿出來的。」

● 遊戲效果

★ 能夠嘗試使用各種方法來解決問題，並且觀察其結果。

★ 學習到在成功一次後，可以再度適用此方法的法則。

★ 學習到觀察他人的示範，進而模仿學習的方法。

● 培養寶寶潛能的祕訣與應用

利用不同樣式或顏色的容器時，觀察寶寶是否也懂得應用已經習得的方法。寶寶熟悉遊戲之後，可以給他瓶口大小足以把手放進去的容器，觀察他是否會因為情況的變化而使用不同的方法。

幼兒發展淺談　**寶寶也有解決問題的能力**

心理學家維拉特斯（Peter Willatts）曾經出作業給寶寶們，觀察他們問題解決的能力。他把寶寶喜愛的玩具放在手碰不到的地方，看寶寶如何把玩具弄到手。因為玩具放在寶寶附近的布上，拉扯布就可以拿到玩具。不過，還有一道難題，在寶寶和玩具之間，有個泡棉磚做成的障礙門。因此，為了把玩具弄到手，寶寶必須先清除泡棉磚，接著拉扯布。依照維拉特斯的實驗結果來看，9個月大的寶寶就能清除障礙物和拉扯布，並把玩具弄到手。此一結果顯示，寶寶們不僅會使用工具，還具備洞察力與計畫性。

統合領域：認知／身體與感覺／語言

洗澡遊戲

☑ 能夠在做各種嘗試時，觀察自身行動與相對結果
☑ 讓洗澡變成遊戲時間，寶寶自然而然愛上洗澡

走向美麗新世界❶洗澡遊戲

若是喜歡水的寶寶，在洗澡時玩這個遊戲，很快就會玩得不亦樂乎。同時，這對寶寶而言，也是相當具有認知助益的活動。

寶特瓶　漏斗　海綿　菜瓜布
塑膠杯　過濾篩網

● 準備物品
寶特瓶、塑膠杯、漏斗、過濾網篩、海綿、菜瓜布等廚房使用的器具

● 遊戲方法

1. 把寶特瓶、塑膠杯、漏斗、過濾網篩、海綿、菜瓜布等廚房使用的各種烹飪器具與沐浴用品集合一起。
   ＊任何道具都無妨，但最好是寶寶能夠安全拿著玩耍的物品

2. 給予寶寶充分的時間，讓他們用各種道具玩水，這能讓寶寶試驗水的特性和各種材質道具的特性。
   「壯壯啊，我們把這塊海綿放進水裡，然後像這樣用力擰乾，水就會滴答滴答，從海綿滴下來。水會這樣滴答滴答，滴到壯

壯的臉上。要不要來試試看這樣擰海綿呢？現在還是有水流出來耶。」

「這次我們拿過濾篩網來裝水。媽媽要倒水囉。咦？水怎麼全都流光光了！」

「寶特瓶會浮在水面上，像船一樣漂著。現在裝一些水到寶特瓶，好不好？我們看看會變成怎樣。哇！寶特瓶有點往下沉耶。再多放一些水，不知道會怎麼樣？」

「塑膠杯像鴨子一樣浮起來，換成漏斗的話，會浮起來，還是沉下去呢？」

「海綿輕輕地搓手臂。怎麼樣？輕輕地，感覺很舒服嗎？這次用菜瓜布搓搓看？怎麼樣？是不是感覺刺刺的？」

● 遊戲效果

★ 能在做各種嘗試時，觀察自身行動與相對結果。

★ 藉由試驗水的特性和各種材質的特性來取得經驗。

★ 對於討厭洗澡或不喜歡水的寶寶來說，洗澡時間變成歡樂的遊戲時間。

● 培養寶寶潛能的祕訣與應用

　　現在市面上有許多又漂亮又好玩的洗澡玩具，若有寶寶覺得特別有趣的玩具，不妨多加利用。媽媽無需預先示範教導寶寶，只要觀察寶寶憑藉本能拿起各種道具在水裡玩。

　　針對特別討厭洗澡的寶寶，不妨試試以下方法：

★ 用小浴盆或臉盆盛水，這可以讓寶寶熟悉水。
★ 將浴室或洗澡時間塑造為歡樂的場所、歡樂的遊戲時間。在浴室牆壁或鏡子上，貼上漂亮的貼紙，把浴室布置成親切有趣的地方。
★ 玩肥皂泡泡遊戲，或給寶寶足夠時間開心把玩喜愛的玩具。
★ 利用食用色素玩水彩遊戲，或用毛筆在浴室牆上塗鴉。

幼兒發展淺談　寶寶也有情緒感受

　　即使是小嬰兒，喝飽奶時會露出滿足的表情，打針時會痛得哇哇哭。根據研究，寶寶自出生起，便出現感興趣、痛苦、厭惡、滿足感等情感。自2～7個月左右起，亦能感受到憤怒、恐懼、高興、難過、驚訝等情感。

　　那麼，寶寶什麼時候會感到高興呢？在某個對象或事件能夠如願控制的時候。例如，當他們知道踢腳就能晃動床鈴，或按鈕就會出現音樂時，寶寶就會很高興。相反地，不能如其所願時，2～4個月左右的寶寶會生氣，4～6個月左右的寶寶會感到難過。

統合領域：語言／人際社會與情緒

對話式共讀

☑有助於表達性語彙和接受性語彙的吸收
☑有助於未來語言表達上的流暢度

不同於傳統式單方面的念書給寶寶聽，這個遊戲必須採取對話式的共讀方法，這對於寶寶的語言發展很有效果。

● 準備物品
繪本（或童書）

童書

● 遊戲方法

1. 與寶寶一起看書的封面，針對寶寶感興趣的事物或角色提出問題。

「哇！這是什麼？這個是什麼東西啊？」

2. 針對寶寶的回答給予稱讚。

「（若寶寶正確回答『卡車』）沒錯，這個就是卡車。壯壯真的知道耶。」

「（若寶寶沒有回答，可以稍做提示）這是『卡——』，是卡車，對吧？」

3. 繼續對話,嘗試拉長寶寶回答的長度。

「對呀,這是紅色 ── (拉長語句)卡車。」

4. 重複第3步驟。

「壯壯,換你說說看『紅 ── 色 ── 卡 ── 車 ── 』。」

＊書本任何一頁皆可以重複運用對話式的互動共讀,惟須注意若語句太過冗長,可能會讓寶寶覺得無聊。宜斟酌寶寶的語言能力與當日的情緒狀態,以寶寶能夠接受的閱讀方式與程度來進行。

● 遊戲效果

★不僅有助於表達性語彙和接受性語彙的發展,對於表達性語彙的提升尤有助益。

★有助於寶寶未來語言表達的流暢性。

● 培養寶寶潛能的祕訣與應用

　　對於這個時期的寶寶而言,書中出現事物(例如球、奶瓶、玩偶、小狗等平日常見的物品)或角色(特別是寶寶們的照片)的圖畫書比故事書佳。雖然一開始時,媽媽可以讓寶寶坐在膝上,再念書給他聽,但在共讀期間,寶寶動來動

去或四處亂跑也無妨。寶寶這時候仍有可能抓書啃吮，所以適合使用撕不破的材質（例如布質或塑料）或厚板書。還有，他們適合小手能夠握拿的小開本書。

至於現有種類多樣的遊戲書，不僅可供閱讀，寶寶洗澡時也能拿著玩，可以透過聆聽、觸摸，讓寶寶體驗各種感覺。

★ **翻翻書**：翻翻書係以翻頁蓋住部分圖案或單字的書。寶寶在掀開翻頁時，會出現讓他嚇一跳的圖案，所以能夠刺激寶寶的好奇心。打開翻翻書的翻頁之前，可以預先猜想裡頭有什麼東西，這提供了與寶寶對話的良好機會。而且，翻頁遮蓋時雖然看不見，翻頁打開就能看到東西，這對物體恆存性的理解也有幫助。寶寶能夠自行打開及闔上翻頁時，對其手眼協調能力的發展亦有助益。注意要挑選材質堅實的翻翻書，才能長久閱讀使用。

★ **觸感書**：這類書能夠刺激寶寶的視覺、觸覺、聽覺等感覺。寶寶可以從中學習到各式各樣的感覺及相關單詞。例如，寶寶按下老鼠的鼻子，就會發出吱吱聲。或觸摸羊毛就能體驗到綿柔鬆軟的感覺。

幼兒發展淺談　**對話式共讀有助於詞彙吸收**

雖然閱讀有助於語言發展是常識，但是針對什麼是好的閱讀方式，相關研究並不多。對話式共讀方法係美國教育部教育科學研究所懷特赫斯特（Grover J. Whitehurst）博士研

發的閱讀方法，效果已透過研究多次科學驗證。這個方法的核心是把單純「大人讀、小孩聽」的傳統念讀方式，轉換為「對話式」。因此，為了盡量利用書本讓孩子多說話，引導式對話是很好的方式。

　　許多研究已經驗證對話式共讀方法的效果。其中一項研究，先讓父母接受對話式共讀方法訓練1小時，再安排他們在4週期間內，每週與寶寶共讀3～4回，4週以後，經歷對話式共讀的寶寶比起聆聽傳統念讀的寶寶，表達性語彙（expressive vocabulary，使用語彙）與接受性語彙（receptive vocabulary，理解語彙）都更為傑出。即使到9個月後，經歷對話式共讀的寶寶在語言表達能力上，仍比聆聽傳統念讀的寶寶更加優秀。

統合領域：語言／身體與感覺

嘴巴遊戲

☑**學習發出聲音時，嘴型和舌頭如何應用**
☑**嘴、脣、舌頭肌肉的強化有助於聲音生成**

這個有趣的遊戲以已經開始按照音節數發聲的寶寶為對象，教導他們發出各種聲音的方法。

● 準備物品
無.

● 遊戲方法

1. 大人先張開嘴巴，伸出舌頭前後一吐一收。看寶寶是否跟著做，在他跟著做之前，慢慢地重複動作。
   「壯壯，仔細看媽媽的動作，等一下跟著做做看。仔細看媽媽的舌頭。（動舌頭之後）現在按照媽媽的動作試試看。」

2. 用誇張的脣形發出「ㄛ」聲，同時用手掌輕拍嘴巴。
   「這次仔細看媽媽的嘴巴，然後跟著做做看。像印地安人一樣，把手貼在嘴巴上，像這樣子做。」

3. 用手輕摀寶寶的嘴巴，然後再放下。再用手輕拍寶寶嘴巴時，注意他是否發出聲音。
   「壯壯想不想來試試看呢？這樣發出『ㄛ』的聲音。媽媽把手貼在壯壯嘴巴上。」

4. 用舌頭發出嘖嘖咂嘴聲。

「這次也仔細看。這樣用舌頭發出聲音看看。會吧？」

5. 用嘴唇發出像是寶寶噗口水的聲音。

「試試看這樣抖動嘴唇，發出噗 ── 的聲音。很好玩吧？」

6. 用嘴唇發出親吻的聲音。

「壯壯，親親！哇，我們壯壯好棒。」

● 遊戲效果

★ 可以學習到發出各種聲音時，嘴型和舌頭應如何運用。

★ 嘴、唇、舌頭肌肉的強化有助於聲音生成。

● 培養寶寶潛能的祕訣與應用

　　喝水或果汁時使用杯子或吸管杯，有助於唇部肌肉的強化。吹肥皂泡泡或用嘴吹動棉球的遊戲，亦可練習在發聲時要如何深深吐氣。教導寶寶好玩的動物聲音（例如汪汪、喵喵），也可以成為初期語彙的教學。

幼兒發展淺談　接受性語彙VS.表達性語彙

　　所謂的接受性語彙，係指寶寶自己不會使用，但卻聽得懂的語彙。反之，寶寶自己會使用的語彙，則稱為表達性語彙。根據研究，10個月大寶寶的表達性語彙平均為4～5個左右，但接受性語彙則為38個左右。不過，每個寶寶差異甚大，10個月大的寶寶中，有的連一個單詞也不會說，卻有寶寶會說83個詞彙。即使寶寶尚未能夠說出單詞，但若聽得懂話，會用肢體動作進行溝通，叫他名字有轉頭等反應時，就無須過度擔心。

統合領域：語言／人際社會與情緒

聆聽遊戲

☑ 確認寶寶目前準確知曉的語彙（接受性語彙）
☑ 教寶寶「謝謝」「請」等禮貌的表達方式

從這個遊戲中，可以獲知寶寶已經能理解的語彙有多少，並且教導寶寶有禮貌的表達方式。

● 準備物品
寶寶喜愛的玩具3～4個

● 遊戲方法

1. 與寶寶面對面坐下，並在寶寶前方擺放3～4個他喜愛的玩具。
   「要不要和媽媽一起玩聆聽遊戲？和媽媽這樣面對面坐著。」

2. 請寶寶把其中一個玩具拿給媽媽。
   「圓圓啊，請把兔子拿給媽媽，我要『兔子』。」

3. 若是寶寶拾起玩具，向他回說「謝謝」，並且收下玩具。
   「對，謝謝。圓圓把兔子拿給媽媽了。」
   「（若是寶寶未能準確拾起玩具，則給予提示）那不是兔子玩偶耶。旁邊那個才是兔子，對吧？」

兔子？

● 遊戲效果

★ 可以確認寶寶目前準確知曉的語彙
（接受性語彙）。

★ 可以教導寶寶「謝謝」「請」等有
禮貌的表達方式。

● 培養寶寶潛能的祕訣與應用

　　一開始，先減少玩具數，讓寶寶二選一。寶寶認識的單字數增多之後，除了名詞以外，亦可使用動詞或表達位置的語彙（例如上下或裡外）。

幼兒發展淺談　聆聽時懂得斷句，語言發展較為快速

　　「放進爸爸的公事包裡。」聽到這句話時，嫻熟語言的成人會自動斷句成「爸爸」「公事包」等關鍵詞。但對初學語言的人（如寶寶）而言，這是一大問題，因為他們無法掌握一個單詞是從哪裡開始、到哪裡結束。這就是所謂的「斷句」。根據美國馬里蘭大學的紐曼教授（Rochelle Newman）研究團隊表示，很早就能在聆聽時斷句的寶寶，後續語言發展也較為快速。紐曼教授證實，7～12個月時，能夠聽懂特定單詞的寶寶，到2歲時的語言發展較為迅速，直到4～6歲時，他們在語彙與文法發展方面的實際表現更佳。發展斷句能力的方法之一，就是在不同脈絡下經常聽到同一單詞。還有，向孩子說話時，盡可能以簡單明瞭的方式斷句。

張博士，請幫幫我！

Q 我跟另一半是週末夫妻，晚上也需要工作，現育有11個月大的女兒。雖然白天的時間都與孩子一起度過，但是因為要處理一堆公事，根本沒辦法好好陪孩子玩。看孩子獨自在玩時，心裡著實感到內疚。請問平時該如何陪孩子玩才好？

A 您這是大多數職業媽媽的處境。由於工作而少了陪孩子玩的時間，但疲憊工作之餘，對於孩子仍是心懷歉疚。我在養育孩子時也曾經歷過，但即使一整天都與孩子在一起，要如想像般地專注於孩子身上、陪同孩子玩耍，也並不容易。因此，首先要放下歉疚念頭與內心遺憾，即使每天10分鐘，媽媽能夠帶著幸福愉悅的心情盡心陪孩子玩就行。若是11個月大的寶寶，應很適合試試〈對話式共讀〉（P.204）。還有，此時正值寶寶語言發展期，說話與聆聽遊戲也是無需繁瑣準備，很容易就能進行的遊戲。另外，有許多簡單又有趣的遊

戲，諸如〈拉紙走路〉（P.168）適合正在學步的寶寶，〈用湯勺舀東西〉（P.179）、〈杯子疊疊樂〉（P.171）等遊戲都可以增進小肌肉的發展。

Q 我家男寶寶10個月大，並不常買玩具給他，多是利用家裡已有的東西。最近我用家中的圍棋子與寶寶玩數數。請問是否還有其他可以善用圍棋子的好玩遊戲呢？

A 再生玩具，這是很好的想法唷。並非以昂貴價格購買的玩具，才是好玩具。家中四處可見各種大小的箱子、空瓶、包巾、衛生紙捲筒、鍋盆或塑膠碗等，從生活中就能發現許多好玩具。我曾經拜訪以幼兒教育聞名的義大利瑞吉歐艾蜜莉亞（Reggio Emilia）小鎮，記得自己當時驚訝地發現，那裡不見價格昂貴的原木玩具，反而滿是運用鈕扣、衛生紙、過期雜誌等回收物品製成的玩具和教具。若是要與10個月大的寶寶拿圍棋子來玩，建議玩一些有助於小肌肉發展的遊戲。請試試看搬移棋子的遊戲，帶著孩子一起運用食指，把一整碗的圍棋子搬移到另一個碗中。亦可把碗換成盤子、空瓶、箱子等各式各樣其他容器，放棋子、倒棋子，再拿出棋子的活動，也是得以培養寶寶問題解決能力的趣味遊戲。將白色與黑色圍棋子做分類，亦是有益認知發展的遊戲。

Q 寶寶12個月大，最近任何地方都想爬上去，為什麼會這樣呢？告訴他「很危險」「不可以這樣做」，但他還是繼續爬。這時候有什麼遊戲可以滿足寶寶的欲望呢？

A 寶寶在12個月前後，無論到哪裡都想爬高。雖然寶寶爬到書櫃或餐桌上很危險，但是對於這個時期寶寶的身體發展來說，攀爬是非常重要的技術。攀爬可以強化有助於後續走路發展的調整能力。因此，與其全然禁止寶寶爬高，不如打造一個寶寶可以安全爬高的環境。例如，任何可能傾倒的家具，盡量全部移除，或找到堅實固定的方法，讓寶寶掛在上面也不會傾倒。若是有樓梯的話，最好設置安全門，讓寶寶無法獨自爬上樓梯。

Q 朋友說要送一隻小狗當禮物，但是寶寶現在才6個月大。雖然我個人非常想養狗狗，但是還是會擔心寶寶。請問從何時起可以養小狗呢？我擔心小狗會把病菌傳染給寶寶，或咬傷寶寶。

A 最近，養寵物的家庭愈來愈多，許多人擔心寶寶與寵物共處的問題。小狗的嘴裡雖然有細菌，但是這些細菌並不會傳染給人，所以即使小狗舔了寶寶一兩次，寶寶也不會得病。不過，由於寶寶年紀小，可能會去拉小狗尾巴、戳眼睛、找小狗的麻煩。比較令人擔心的是，在這種情況下，小狗

可能反咬寶寶。此時，小狗和寶寶兩方面都需要教育。首先，在寶寶能夠活動自如之前，最好注意別讓兩者單獨在一起。還有，要教導寶寶別去招惹小狗，也要持續教育小狗別做會驚嚇寶寶的行動。

應該先教孩子說什麼話呢？

：寶寶最先學會的詞語

寶寶在8～9個月左右，平均會說2個單詞，聽得懂的單詞約20個。到了18個月左右，他們會說50個單詞，理解的單詞約100個。不過，每個寶寶的差異甚大，有的寶寶到17個月還是一個詞也不會說，也有寶寶最多能說228個單詞。滿週歲之後是寶寶理解語彙數突然增加的時期，表達性語彙數則在1個月後的第13個月開始激增。

此時，寶寶最常說的五個單詞依序為「媽媽」「爸爸」「飯飯」「哇啊」（譯註：捂臉遊戲發出的聲音）和「汪汪」。寶寶主要會說日常生活中使用的單詞（如：哇啊、好／嗯、bye bye）、人稱（如：媽媽、爸爸）、食物名稱（如：飯飯、水、餅乾／餅餅）、聲音（如：汪汪）或動物名稱（如：狗狗）。

請於下方檢核表內，標記寶寶現在會說及還不會說的單詞。

序次	單詞	寶寶是否使用	序次	單詞	寶寶是否使用
1	媽媽		15	戳戳（譯註：玩戳戳手掌時的形容詞）	
2	爸爸		16	閃閃（譯註：引導寶寶握拳開掌時的形容詞）	
3	飯飯		17	搖搖頭	
4	哇啊		18	噗／噗隆噗隆（譯註：車子啟動時的狀聲詞）	
5	汪汪		19	吃吃	
6	好／嗯		20	萬歲	
7	bye bye		21	飯	
8	水		22	寶寶	
9	餅乾／餅餅		23	髒髒	
10	狗／狗狗		24	鼻子	
11	親親		25	哞	
12	你好		26	燙燙	
13	拍拍手		27	叭叭	
14	吼（譯註：獅子、老虎吼聲的狀聲詞）		28	奶奶／阿嬤	

序次	單詞	寶寶是否使用	序次	單詞	寶寶是否使用
29	球		40	沒有	
30	襪子		41	眼睛	
31	給／給我		42	不行	
32	牛奶		43	手	
33	花		44	書	
34	嗯嗯／大便		45	姐姐	
35	噓噓		46	車車／車子	
36	這個		47	嚄嚄（譯註：豬叫聲的狀聲詞）	
37	不是		48	我愛你	
38	喵		49	哥哥	
39	鞋鞋／鞋子		50	姨姨／阿姨	

※ 장유경（2004）의 자료 중 일부 사용 資料中部分內容

增進寶寶頭腦發展的綜合維他命 —— 遊戲

• • •

　　現在感覺稍微償還虧欠寶寶的債務了。由於研究專長是認知和語言發展，這段期間寫了不少「如何做，才有助於寶寶認知和語言發展」的文章。雖然心意是要協助寶寶發展，另一方面卻有著像是對寶寶和父母們出作業般的虧欠感。透過這本書，心裡感覺稍稍償還了這筆債。

　　本書的遊戲是專為增進寶寶頭腦發展的綜合維他命。寶寶出生世上的頭2年正值發展最急速的時期，簡單的遊戲裡包括了寶寶在這段時期所需要的經驗。因此，這些遊戲絕非單純的遊戲，而是能夠刺激此時期寶寶發展全面領域的多功能統合經驗。在仔細觀察寶寶發展的同時，最好還能每天不缺遊戲地餵給寶寶遊戲維他命。

　　遊戲有著非比尋常的力量。不僅能讓寶寶心情變好、覺得快樂、幸福，對於大人也有相同效果。它能傳染歡樂氣氛。因

此，著書過程中也一直都很愉快。觀賞有寶寶玩耍情景的網路影片或朋友自豪展示的孫子孫女的影片時，有時也會獨自噗哧笑出聲來。而且，在撰寫遊戲方法時，猶如再次化身為寶寶的媽媽，每天與壯壯和圓圓度過歡樂時光。

對於已經與孩子玩得很好且領會遊戲魔法的父母們，不妨再嘗試看看本書中各式各樣的遊戲，了解遊戲蘊含的意義。若是由於工作忙碌、缺少時間、精神壓力大或不知道應該怎麼玩而無法積極陪孩子玩的父母，希望您們即使是為了自己，也能陪孩子一一玩玩看本書的遊戲。這樣的話，真的會如魔術般變得更開心。苦惱的事、鬱悶的事也可能現出端倪。若是想陪寶寶開心玩耍而正在尋覓方法的父母或爺爺奶奶們，務必善加運用本書的遊戲，讓寶寶與大人一起同樂。

雖然遺憾我的孩子未能適用，但若是有了孫子孫女，我絕對要與他們一起玩這些遊戲。藉由本書的遊戲，謹將此書獻給玩得樂開懷的寶寶們。

▶ 參考文獻 ◀

Chapter 1

1. 곽금주, 성현란, 장유경, 심희옥, 이지연. 한국 영아발달 연구. 학지사. 2005
2. Field, T., Diego, M., Hernandez-Reif, M., Deeds, O., Figueiredo, B., & Ascencio, A. Moderate Versus Light Pressure Massage Therapy Leads to Greater Weight Gain in Preterm Infants. Infant Behavior and Development, 29, 574-578. 2006
3. 전선혜. 아기마사지와 체조가 아기의 뇌 활동에 미치는 영향. 한국체육학회지, 41, 4, 165-179. 2002
4. 이행숙, 한유진. 어머니-영아간 전통놀이, 자유놀이, 블록놀이의 언어적 상호작용 비교. 한국가정관리학회지, 27, 181-196. 2009
5. White, B., & Held, R. Plasticity of sensorimotor development in the human infant, in Rosenblith, J. F. and Allinsmith, W., (eds.), Causes of Behavior: Readings in Child Development and Educational Psychology (2nd ed.). Boston, Mass: Allyn and Bacon.1966
6. 장유경, 최유리. 영아기 가정의 책읽기 경험과 지능발달: 종단연구. 한국 아동학회지, 30, 47-56. 2009

Chapter 2

1. Flanders, J. L., Leo, V., Paquette, D., Pihl, R. O., & Seguin, J. R. Rough-andtumble play and the regulation of aggression: An observational study of father-child play dyads. Aggressive Behavior, 35:285–295. 2009
2. 곽곽금주, 성현란, 장유경, 심희옥, 이지연. 한국 영아발달 연구. 학지사. 2005
3. Tronick, E., Adamson, L.B., Als, H., & Brazelton, T.B. Infant emotions in normal and pertubated interactions. Paper presented at the biennial meeting of the Society for Research in Child Development, Denver, CO. 1975
4. Gibson, E., & Walk, R.D. The Visual Cliff. Scientific American, 202, 80-92. 1960

5. Baillargeon, R. How do infants learn about the physical world? Current Directions, 3, 133-140. 1994

6. Pierroutsakos, S. & DeLoache, J. S. Infants' Manual Exploration of Pictorial Objects Varying in Realism. Infancy, 4(1), 141–156. 2003

7. Gros-Louis, J., West, M. J., & King, A. P. Maternal Responsiveness and the Development of Directed Vocalizing in Social Interactions. Infancy, 19, 4, 385–408. 2014

8. Goodwyn S. W., & Acredolo, L. P. Encouraging symbolic gestures: A new perspective on the relationship between gesture and speech. In J. Iverson & S. Goldin-Meadow(Eds.), The balance between gesture and speech in childhood (pp. 61-73). San Francisco, CA: Jossey-Bass. 1998

9. Siegel AC., & Burton R. V. Effects of baby walkers on motor and mental development in human infants. Dev Behav Pediatr, 20(5):355-61. 1999

10. Ainsworth, M., Blehar, M., Waters, E., & Wall, S. Patterns of Attachment. Hillsdale, NJ: Erlbaum. 1987

Chapter 3

1. Adolph, K. E., Vereijken, B., & Shrout, P. E. What Changes in Infant Walking and Why. Child Development, 74: 475–497. 2003

2. Hutman, T., Chela, M. K., Gillespie-Lynch, K., & Sigman, M. Selective visual attention at twelve months: Signs of Autism in early social interactions. Journal of Autism Developement Disorder, 42(4): 487-498. 2013

3. Hamlin J. K., Mahajan, N., Liberman, Z., & Wynn, K. Not like me = bad: Infants prefer those who harm dissimilar others. Psychol Sci. 24(4):589-94. 2013

4. 장유경. 한국영아의 초기 어휘발달: 8~17개월. 한국심리학회지, 23(1), 77-99. 2004

5. dialogic reading; Whitehurst, G. J., Falco, F. L., Lonigan, C. J., Fischel, J. E., DeBaryshe, B. D., Valdez-Menchaca, M. C., & Caulfield M. Accelerating Language Development Through Picture Book Reading. Developmental Psychology, 24(4), 552-559. 1988

6. Newman, R., Ratner, N. B., Jusczyk, A. M., Jusczyk, P. W. & Dow, K. A. Infants' early ability to segment the conversational speech signal predicts later language development: A retrospective analysis. Developmental Psychology, Vol 42(4), 643-655. 2006

孩子的 肢體發展&視覺刺激遊戲

權威兒童發展心理學家專為幼兒打造的**61個潛力開發遊戲書 ③**

作　　　者／張有敬 Chang You Kyung
譯　　　者／賴姵瑜
選　　　書／陳雯琪
責任編輯／蔡意琪

行銷企畫／洪沛澤
行銷經理／王維君
業務經理／羅越華
總　編　輯／林小鈴
發　行　人／何飛鵬
出　　　版／新手父母出版・城邦文化事業股份有限公司
　　　　　　台北市民生東路二段141號8樓
　　　　　　電話：（02）2500-7008　傳真：（02）2502-7676
　　　　　　E-mail：bwp.service@cite.com.tw
發　　　行／英屬蓋曼群島商家庭傳媒股份有限公司城邦分公司
　　　　　　台北市中山區民生東路二段141號11樓
　　　　　　書虫客服務專線：02-25007718；02-25007719
　　　　　　24小時傳真專線：02-25001990；02-25001991
　　　　　　讀者服務信箱 E-mail：service@readingclub.com.tw
劃撥帳號／19863813；戶名：書虫股份有限公司

香港發行／城邦（香港）出版集團有限公司
　　　　　　香港灣仔駱克道193號東超商業中心1樓
　　　　　　電話：(852)2508-6231　傳真：(852)2578-9337
　　　　　　電郵：hkcite@biznetvigator.com
馬新發行／城邦（馬新）出版集團 Cite(M) Sdn. Bhd. (458372 U)
　　　　　　11, Jalan 30D/146, Desa Tasik,
　　　　　　Sungai Besi, 57000 Kuala Lumpur, Malaysia.
　　　　　　電話：(603) 90563833　傳真：(603) 90562833

封面、版面設計／徐思文
內頁排版／陳喬尹
製版印刷／卡樂彩色製版印刷有限公司
初版一刷／2018年4月19日
定　　　價／350元

城邦讀書花園
www.cite.com.tw

I S B N　978-986-5752-69-9

장유경의 아이 놀이 백과 (0~2세 편)
Complex Chinese translation Copyright　201X by Parenting Source Press
This translation Copyright is arranged with Mirae N Co., Ltd.
through LEE's Literary Agency.

國家圖書館出版品預行編目資料

權威兒童發展心理學家專為幼兒打造的61個潛力開發遊戲
書.3:孩子的肢體發展&視覺刺激遊戲 / 張有敬著;賴姵
瑜譯. -- 初版. -- 臺北市:新手父母, 城邦文化出版:家庭
傳媒城邦分公司發行, 2018.04
　面;　公分. --

ISBN 978-986-5752-69-9（平裝）

1. 育兒　2. 幼兒遊戲　3. 親子遊戲

428.82　　　　　　　　　　　　　　　107005145